目 录 || CONTENTS

现代室内空间体验设计

王兆卓 著

黑龙江美术出版社

图书在版编目（CIP）数据

现代室内空间体验设计 / 王兆卓著 . -- 哈尔滨：
黑龙江美术出版社，2019.4
ISBN 978-7-5593-4289-8

Ⅰ．①现… Ⅱ．①王… Ⅲ．①室内装饰设计 Ⅳ．
① TU238.2

中国版本图书馆 CIP 数据核字（2019）第 045933 号

现代室内空间体验设计
XIANDAI SHINEI KONGJIAN TIYAN SHEJI

作　　者　王兆卓
出 品 人　周　巍
责任编辑　聂元元
出版发行　黑龙江美术出版社
地　　址　哈尔滨市道里区安定街 225 号
邮政编码　150016
网　　址　www.hljmscbs.com
经　　销　全国新华书店
印　　刷　廊坊市海涛印刷有限公司
开　　本　787mm ×1092mm　1/16
印　　张　8.75
字　　数　113 千字
版　　次　2019 年 4 月第 1 版
印　　次　2019 年 4 月第 1 版
书　　号　ISBN 978-7-5593-4289-8
定　　价　40.00 元

本书如发现印装质量问题，请直接与印刷厂联系调换。

第一篇

体验设计

设计的概念

中文"设计"二字最早见于许慎的《说文解字》：

设：施陈也，从言役。役，使人也。

计：会算也，从言十。

两词合起来，所谓"设计"，便是人为的筹划，有"人为设定，先行计算，预估达成"的含义。[①] 此解释不难看出，"设计"与军事有一定的关系。曹操注《孙子兵法·计篇》曰："计者，选将、量敌、度地、料卒，计于庙堂也。"此"计"便是计划、谋略之意。

英文的"设计"（design）来源于拉丁语，原意为做记号。自文艺复兴时代开始，此词语才与艺术相关，而且与科学理性的训练方式有关。1788 年的《大不列颠百科辞典》对设计的解释是"指艺

---

① 杨裕富，《空间设计概论与设计方法》，田园城市文化公司，1998 年，第 1 页。

术作品的线条、形状,在比例、动态和审美方面的协调"[①]。这种与"艺"相关的"设计"解释直到工业化时代才开始转变。但艺术与设计的这种渊源以及理性的思维模式,却一直伴随着设计学科自我完善的全过程。

---

① 郝卫国,《环境艺术概论》,中国建筑工业出版社,2007年,第24页。

"设计"在不同发展阶段的
不同定义

现代主义运动是从工业设计开始并逐渐影响到建筑和城市设计的。工业设计、建筑设计和城市规划三个学科在理论和实践自我完善的过程中，不断循着自己的轨迹发展。但在各发展阶段，它们的主流思想之间却有着惊人的相似性。

下面，我们以年代、主题词和主流思想相结合的方式，将第二次世界大战后的西方现代设计思想发展分为五个阶段：

一、1946 年—1960 年

主要思潮：战后重建、功能主义、优良设计、国际主义风格及批判、公众趣味、商业设计、有机现代主义。

第二次世界大战后，各国都竞相展开了大规模的战后重建计划。现代主义设计思想较之古典主义在工程造价和施工周期、节省材料同时又能提高同等占地面积的入住率等方面均表现出无法比拟的强大优势，抓住了这个空前的历史时期，得到了迅猛的发展，各种现代主义大师登上了历史舞台。建筑界的设计思潮也迅速带动了工业设计、时装等应用学科的发展。20世纪四五十年代盛行的设计的定义为"形式与功能完美结合，并揭示出一种实用的、简洁的、易于感受美的设计"。但是没有排斥任何装饰语言的国际主义风格由于缺少精神功能和可识别性而受到了集中的抨击。

20世纪50年代起，斯堪的纳维亚有机现代主义设计的发展以其朴素、有机的形态及自然的色彩和质感风靡全球。

二、1961年—1980年

主要思潮：批判、公众参与、社会公正、系统理论、控制理论、科学理性、设计方法论运动、趣味性设计、波普艺术与设计、高技术风格、人机工程、数理分析。

在20世纪50年代末，现代主义设计思想在各个领域遭到了狂轰滥炸，在质疑权威的同时，开启了设计思想的多元化时代。其中阿波罗登月计划的成功，标志着集体性、综合性、复杂性、程序性、协同工作的系统设计时代的到来。

随着设计方法论运动（Design Mothodology Movement）的兴起，行为学、经济学、生态学、人机工程学、材料科学及心理学等学科开始频繁地进入设计领域。

推崇"秩序的法则、和谐的法则和经济的法则"，表达了系统时代的设计趋向和审美趣味。高技派则将对技术的推崇推向了极致。计算机辅助技术也得到了很大的发展。综合了社会学和数理分析方法论的人机工程学使得设计越来越趋向于一门科学。"用户理解"也逐渐成为了设计的主题。

20世纪60年代兴起的强调大众化的、通俗的趣味，反对现代主义精英文化的波普艺术和趣味性设计为人们提供了一种新的审美标准。

三、1980 年—1990 年

主要思潮：理性批判、简约主义、后现代主义、符号学、解构主义、设计管理、绿色设计、生态设计、可持续发展。

系统设计的兴起是出于对普通个体的关注，但其发展的结果却导致了个体意义的失落。后现代主义开启了一个追逐意义的时代。符号、象征、能指、所指等符号学的术语开始频繁地出现于建筑著作之中，在实践层面也是空前的活跃。

建筑和设计界立足于理性批判和绝对价值否定的思潮也随之兴起，结构主义便是其中的代表。结构主义建筑师盖里（Frank Gehry）将这种思想用在了产品的设计上。

20 世纪 70 年代，伦敦商学院管理研究人员提出的设计管理概念，在 20 世纪 80 年代有巨大的发展。设计管理的兴起，对企业发展策略、视觉形象整合，对管理者、设计师和专家的知识结构的研究，有组织地联合创造性及合理性去完成组织战略，以及促进环境文化等都起到了积极作用。

四、1990 年—2000 年

主要思潮：全球化、战略设计、沟通理论、品牌创造、非物质设计、高科技设计。

正如利瓦伊（Levi）所说，世界研究变成一个全球化的大市场，或者说是一个"地球村"，在这里每个消费者拥有相似的价值观、生活方式和同样的对产品质量和现代性的渴望。

20 世纪 90 年代以来，品牌成为这个全球化时代的强有力的特征。对设计而言，完整的用户体验和品牌战略，使设计从概念阶段发展到用户对具体方案的全程参与。"用户的体验"的重要性甚至超过了产品本身。

五、2000 年至今

主要思潮：设计创新、知识经济、创意产业、全球竞争力、远景、可持续设计、产品服务体系、体验设计、交互设计。

21 世纪是"全球 3.0"的时代，新一波的全球化，正在抹平环境保护、经济发展的疆界，世界变平了，从小缩成了微小。

很多像 IPOD 这样的设计公司不仅仅生产产品，还营造体验，改变公司的创新方式。

从品牌战略"创造体验"，到 21 世纪的"驱动创新"，设计已经越来越在一个更为宽广和深入的层面上，越来越多地发挥着作用。驱动创新关注的是发展趋势，是展望远景。

体验设计相关理论

一、体验经济时代

体验经济是 20 世纪 90 年代继服务经济之后的又一全新的经济发展阶段，它是一种开放式互动经济形式。体验经济源于美国，在美国得到发展并向全世界迅速发展。[1]"未来的经济可能转型为体验经济"阿尔文·托夫勒 在 1970 年出版的《未来的冲击》一书中说。然而，体验经济作为理论进行系统的研究，还是从西方两位经济学者约瑟夫·派恩二世和詹姆斯·吉尔摩出版了《体验经济》一书开始，吉尔摩认为企业就是要以商品为道具，以服务为舞台，围绕着消费者，创造出能够使消费者回味的活动。从需求方面看，体验首先是个心理层面的概念，是指一个人达到情绪、体力、智力甚至精神的某一特定水

①Pine II,BJoseph,andGilmore,james H.The Experience Economy:Work is Theatre&Every Business a Stage.Harvard Business SchoolPress,1999.

平时，他意识中所产生的美好感觉。

1. 体验经济的基本特征

非生产性：体验是什么呢？实际上一个人在经历、体会之后，人的情感、体力等达到一特定水平，意识中就会产生一种美好的感觉，这就是"体验"。体验与其他经济模式有着质的区别，它本身不是一种经济产出，体验"看不见、摸不着"，不像其他的工作一样可以量化。

短周期性：正常情况下，农业经济的生产周期最长，都是以年为计算单位；工业经济的生产周期相对较短，以月为单位；服务经济的周期缩短到以天为单位，而体验经济最短以小时、分钟为单位，所以短周期性的特点很明显。

互动性：以前旧的经济模式都是卖方经济，一般不与顾客发生直接关系；而体验经济则时刻都需要将顾客拉拢到体验系统的经济模式中，因为缺少了顾客的参与就等于舞台剧缺少了主角，顾客参与得越踊跃，热情越高，就证明体验经济模式越成功。

独特性：农业经济、工业经济和服务经济的特点就其提供物一点来说，无论经济提供物是产品的需求要素，还是商品的需求要素，还是服务的需求要素，都是具有共性的特点。而体验经济是以体验的需求要素为主，这种需求本身就具有个性化的特点，人与人之间、体验与体验之间有着质的差别，本质上是由于个人成长经历、情感体验等的差别。

记忆的深刻性：任何一次体验都会给体验者打上深刻的烙印，几天、几年，甚至终生都不会忘怀。比如一次雪山攀登、一次南极探险、一次野外漂流等都会让体验者对体验的回忆超越体验本身。

经济价值的高产出性：打个比方说，你自己在家冲一杯咖啡，可能几毛钱的成本，但在装修豪华、优雅的餐厅，一杯咖啡的价格可能会超过50元，你也不会认为贵。迄今为止，只有美国富翁丹尼斯·蒂托和南非商人马克·沙特尔沃斯已经进入太空旅游，他们各自为自己的太空体验支付了 2000 万美元的高价而丝毫没有后悔。而一个农民二亩地种一年的产值不过上千元。但是如果运用体验经济思维鼓励农民把简单的土地生产经营成果蔬采摘园的话，就会吸引那些抱着体验乡村田园美景及收获乐趣的游客来采摘果实，产值会比原来翻好几番。这就是体验经济，一种低投入高产出的暴利经济。

在信息发达、资源共享的今天，"体验"精神不仅在经济领域发展迅速，在设计领域也有一定的实际运用价值，"体验"精神与设计的本质竟也不谋而合，所以将"体验"应用到室内设计领域是完全可行的，也就成了提高空间吸引力的重要砝码。

2. 体验经济时代人们生活方式的变化

任何设计都不是盲目的，一件成功的设计作品必须做到有理有据，设计得有针对性与我们反复强调设计"以人为本"是一致的，设计师做设计要做到自始至终把人的需求放在第一位。那么人的需求都是什么，人的需求是一成不变的，还是遵循一定的规律变化的，这都是我们首先要弄明白的。

人的需求无非包括衣、食、住、行等，历史证明人的这些最基本的需求是随着时代的发展而变化的，现代人的需求较之以前有什么变化，以及现代人有哪些需求我们还没有满足等等，就成了我们解决问题的突破口。那么研究现代人的生活方式就成了首要的问题。

现代人的生活质量不断提高，生活方式也发生着日新月异的变化，我们接下来就从变化的规律方面入手总结一下。

（1）现代人生活方式变化的总趋势

人类生活方式的历史考察表明，人们怎样生活、人的生活方式和行为特征，是由生产力和科学技术发展决定的。当生产方式和科学技术发展到一个新的水平时，一种生活方式就开始发展成为另一种新的生活方式，一种社会结构会向更高级的生活结构转化。

（2）生活方式历史性发展的总特征

劳动工具的变化：人类劳动工具从使用石器，到犁耕、机器、电脑，生产工具经历着从简单到复杂再到简化的发展过程，使人们逐渐从艰苦的体力劳动中解放出来。信息技术的发展，智能机器人的应用，导致所有复杂辛苦的劳动都交给智能机器人来完成，人的劳动强度大大减弱，劳动时间大大缩短，人们闲暇的时间也就相对多了起来。

人类社会和物质生活的总变化：总的方面是从简单到复杂再到简化的发展过程，越来越进步。随着科学技术的发展，人的生活节奏加速，突然的变化增多，人们的生活面临更多的选择和挑战。

人类生命质量的变化：人类修复创伤、抵御死亡的能力，随着医学的发展不断提高。人类对自身以及对人与自然关系的认识不断深化，医疗条件不断改善，人类生命质量和寿命不断提高。

人类精神世界的变化：人类的精神生活、科学、文化、信仰、审美、娱乐、旅游等，越来越丰富和多样化。精神生活和物质生活比较，精神生活越来越重要，在人类生活中所占的分量越来越大。科学技术的发展，使得一系列高新技术应运而生，它们具有科学与技术融合的特点，因而被称为"高科技"，它们对生活方式的影响是深刻、普遍和全面的。高科技发展引起人的生活活动和行为方式的变化，出现新的生活方式，比如电脑及因特网的普及已经深入到人们日常生活之中，人们出行、购物、查询等等千奇百怪的需求都会在互联网中得到满足。

可见现代人的生活娱乐方式丰富多彩，人们有条件有精力去享受可自由支配的时间，人们足不出户就可以网上冲浪、购物、交流，似乎不用出门什么都可以购买到，传统意义上的实体商业体面临着巨大的考验，如何把人吸引到家外去消费成了巨大的难题。针对此种情况，带着"体验"精神的经济模式随之被挖掘出来，并且以最快的速度发展到了世界各地，给实体商业经济带来了前所未有的新鲜活力。

3. 体验经济时代用户体验的原则

体验是属于用户的：设计师并没有创造体验，他们只是创造体验的媒介，两者之间非常不一样。因为体验是主观的，所以它并不能按照实物产品的方式被设计出来。然而，这并不意味着我们不能设计用户赖以体验我们产品或服务的框架。如果这个框架是足够坚固的，那么好的体验就会接踵而至。

体验是整体的：体验已经不再局限于产品本身，它由一个更大的系统中所有能够被用户接触到的部分组成，比如从产品到支持再到人们如何讨论它。这些东西并非都能以同样的方式被设计出来，但在某些层面上，它们确实是可以设计的。

好的体验是无形的：当用户感受到很好的体验时，他们很少会意识到当中倾注了多少心血才得以实现，仿佛这些都是理所当然的。作为一个体验设计师，越是优秀，就越少被人谈及。

体验是过程式的：人们伴随着时间的流逝体验着世界，并非所有的事情都在一瞬间完成。同样地，对于很多事物来说，人们不会一下子就获得很好的体验。我们必须明白，体验就像一场生命历程，从第一次开始，然后到常规性使用，最后甚至到消亡。之前的每一个步骤都应该是稳固的。

场景为王：在一个生产产品和内容都十分容易的年代，场景变成了最容易缺失的东西：我们怎样才能使自己创造的产品真正地适合目标群体？我们必须把用户使用场景的里里外外给搞清楚，这就是体验设计师们做这么多用户研究的缘故。场景之于产品，犹如副标题之于文章，有着利剑一般的威力。

好的体验在于拥有操控感：世界上最糟糕的感受莫过于觉得无能为力，当人们认为自己已经失去对事物的掌控时，一般都不会感到愉快。但这并不意味着你不能为用户提供一些惊喜或探寻彩蛋的权利，只是说要让他们时刻感觉到每次请求时，都能够搞定下一步或者退出。

体验是社会性的：曾经，人机交互的体验只是个人性的，那时候人们做的事情主要是收发邮件。然而，这样的时代已经过去，我们不能只考虑个人，而是要包含整个社会群体。

心理学很重要：软件越来越易用，越懂心理学的设计师越有优势。这意味着我们需要深入了解使用产品和社交互动方面的心理学知识，以打造最好的体验。

体验是一种沟通：犹如市场营销一样，体验也是一种沟通。作为用户体验设计的专家，我们要与用户对话，以探寻如何才能更好地帮助他们实现自己想做的事情。所以，用户体验并非一次性的产品，而是会根据客户需求的变更做出反应的服务。这种沟通包括了传达和探索如何才能使用户使用得更好。

好的体验是简单的：简单不仅是我们常常听说的"少即是多"，后者强调的是数量，而前者强调的是清晰度。如果人们能够毫不费力地明白如何使用你的产品，那证明你做到了简单。这也许凝结了你很多的努力，毕竟简单并不是那么容易设计的，它必定是经过千锤百炼的。

4. 体验的真相

比如商业空间，借用人脑中熟悉或陌生的某种意向，其目的就是为了有效地聚集人群，使人们在消费场所中尽可能地停留，最后用商业营销手段促使消费活动的发生，有研究表明消费者在消费场所逗留的时间越长，发生购买行为的概率就越高。消费者的体验重点关注的就是消费者"在购买地点的即时感受"，从建筑学的角度来解读就是"为顾客创造良好的消费环境"。而对于商业营销来说，体验是一种手段，是"刺激消费者冲动性消费的因素之一"，而"冲动性消费"正是现代消费活动最大的特征，以及商业经营向前迈进的主要推动力。

近年来的心理学学术界对"冲动性消费"进行了大量的研究，在其研究成果中，直接涉及商业环境的是"调节适应性理论"，其中提到三点："触摸"与"环境氛围"和"时间因素"。

触摸：经研究发现，消费者在触摸产品时产生的愉悦感更能促发消费的冲动。

充满情感的环境氛围：研究表明，充满情感的环境氛围将会对冲动购买者产生正面影响，即会使他们购买行为更冲动；而更有利于认知的环境氛围，比如环境中的香味会对谨慎购买者产生正面影响，即他们在这种环境氛围中会做出更多的购买。

不仅仅是音乐、香气，一些能触发人们感性情绪的因素同样可以塑造这种"充满情感"的环境氛围。比如女性顾客常常在有着田园、家庭般温暖感装修的店铺中流连，并购买相应的商品，期望日常生活使用这些商品，使自己的生活也充满这种温馨感，这是出自大部分女性与生俱来的本能。

时间因素：在商业空间中，时间是影响人们能否消费的关键因素，当人们越是长时间接近产品实体，就越渴望拥有该产品，当然，前提是人本身对产品没有厌恶的认知情绪。1974年的糖果实验充分证明了时间因素，以及近距离接触对"冲动"行为的影响。实验中，小孩被告知桌上有糖果，如果能够等待实验者回来再去拿桌子上的糖果，则可以获得第二颗。如果等不到，就只能得到桌子上仅有的一颗。实验结果显示大部分的小孩面对糖果无法等待，而选择后者。实验反映出人的天性：长时间、近距离地接触某物品，会增加人对该物品的认同感。如将此结果运用到商业营销中，在商业环境的烘托渲染下，经过亲身的体验和较长时间的接触，消费者就可能对商品产生认同情绪与占有愿望，冲动消费随即发生。

二、设计为体验经济服务

根据体验营销的权威人士伯恩特·施密特的观点，由于体验通常不是自动产生的，而是被引发出来的，因此，要使消费者的消费过程变成一次难忘的记忆和体验，就要设计、营造适当的氛围和背景以产生预期的客户体验。

体验经济的精髓是为客户创造美好的体验感，进而促进消费者对产品的认可。为了追求这种美好的感觉，消费者不仅愿意亲自参与到体验环境当中，而且愿意重复并通过口碑相传来宣传这种体验。这种美好体验可以依附在企业的产品或服务中，例如室内设计行业，就是专门为客户设计体验环境的行业。

室内设计行业的角色在体验经济时代的意义是显而易见的，美好体验环境的创造即是室内设计师的任务。

1. 体验设计

体验的产生离不开设计，意在为客户营造出能够产生美好或特殊感受的空间环境设计即为体验设计。体验设计是"以人为本"的设计理念的延伸，是随着体验经济的发展而发展的。体验设计是运用空间形态、色彩、材质、灯光、家具、声音、味道等一切手段为使用者创造视觉、听觉、嗅觉、味觉、触觉方面留下美好记忆的体验经历。

现代室内设计在商业利益的驱使下，热衷于视觉上的符号拼贴和各种复杂构件的模仿，简单化的几何图案、构建的快速批量的标准生产，导致了人们生活体验的缺乏，也使得设计师想象力的严重匮乏。人们只有到空间现场才能感受到温度、湿度、气味、质感、肌理等伴随的感觉器官的体验。梅洛－庞蒂曾告诫我们应到真实生活中去亲身体验对环境、场所、空间的知觉，从个人的意识、心智深处找寻设计的动机和灵感。也许这就是巴拉干、扎哈·哈迪德、安藤忠雄、弗兰克·盖里等建筑师能赋予建筑空间诗一般的意境的原因，他们在创作时，注重对整体的建筑空间的感知，尤其是由视觉引起的其他知觉的记忆和体验，以及空间气氛的营造。尤其是巴拉干的作品，没有复杂的形式和堆砌的材料，简单地使用混凝土、不加修饰的原木和强烈的单纯色彩，却能引起人们的强烈共鸣，营造出一种强烈的归属感和"家"的感觉。为了创造有生命力的空间，把握室内空间最真实的本质，需要从真实的生活体验出发。

要做好体验设计，在设计过程中设计者首先必须与普通的大众有更多的互动，以尽量了解大众在空间参观学习的各种体验需求。设计者在揣摩未知体验者的未来体验环境的同时，也要考虑空间管理者和工作人员的工作体验，比如储藏、保护、搬运展品等等，更加到位地换位思考，更多地为使用者着想。日本许多公司的设计人员在从事设计工作前都必须到产品服务中心、生产车间等处去轮岗，这也是现在日本的许多产品称雄世界的秘诀。

体验经济产生的目的是为了关注产品如何被用户认可，从这一点上来说，这与设计的初衷是一致的，设计"以人为本"，人的需求才是设计的初衷，设计得合理、合情才是设计的意义所在，那么如何才能使设计师不脱离用户的需求呢？找到一个设计者与用户"共情"的基础才是解决问题的关键。运用体验式思维来定义设计，使其成为设计的起点与发展的全方位考量，这也是体验设计提出的意义所在。

2. 体验设计感知系统

人们感受外界刺激无非是用眼睛观看、耳朵听、手脚触摸、鼻子闻、舌头品尝，来看图形、灯光、颜色；听声音；触摸质感、冷暖、软硬、肌理等；闻味道的香臭、腥臊；甚至品尝味道的苦辣酸甜。概括地说就是要全面地调动人的视觉、听觉、味觉、嗅觉、触觉这五种感官感受，尽可能地让观众在空间参观的过程中留下愉悦、生动的深刻体验，从而强化空间所传达出的不同于其他空间的氛围或者主题体验。

感知系统：普通意义上的感知系统即是人发挥其五种感官的功能而形成的视觉、听觉、嗅觉、味觉和触觉，这些感觉是普通正常人都具备的能力，是人和周边一切进行沟通的基本方式。更深的感知系统是在人使用五种感官捕捉信息之后进行综合处理，在大脑中升华成更高层次的认识。

（1）视觉方面。人们走进陌生而又新奇的空间环境中时首先动用的就是视觉功能，会上下前后左右地捕捉一切可以捕捉到的视觉信息。这些视觉信息多半是具有色彩意义的形状、形体，甚至是空间、环境等。在头脑中不断地累积某一特定区域及特定的空间信息，进而帮助人们了解不同的空间主题。

（2）听觉、嗅觉、味觉及触觉的辅助作用。人们在运用视觉功能捕捉信息、处理信息的同时，会借助听觉、嗅觉、味觉、触觉来进一步认识空间环境及事物。是在有意识地观看的同时借助听觉、嗅觉、味觉、触觉形成深层次的理性认识，进而加强人的体验感。

听觉方面：正常普通人都具有听觉的能力。人们通过听觉收听一切可以感知的声音，在所有的声音中，优美的音乐是能够打动人们神经的艺术形式。经过研究发现，优美的音乐都是通过节奏和韵律的表达进而借助人的听觉感知系统而形成的。而艺术设计者在视觉方面通过形和色之中存在的节奏和韵律，也可以上升到知觉的层面进行信息的加工，从而在艺术设计领域有所作为。听觉在艺术设计过程中对视觉的辅助主要体现在：第一，听觉感是设计者利用视觉表达想法的有力辅助形式。单纯观看难免枯燥，利用物体在一定条件下还会发声的物理条件会增加观看者的兴趣。第二，设计者通过形与色的变化在知觉系统中感知，同时借助听觉的回忆与联想进而形成节奏和韵律的艺术形式美感。比如把对比比较强烈的两块形状或是颜色放在一起会令人产生大的节奏差别，而利用变化比较柔和的形状或是颜色过渡到对比强烈的形状或颜色，此种状况不断地重复出现就会令人产生优美的韵律感，这种"流动"的视觉变化都是在视觉状态下出现的，流动的过程就会呈现节奏和韵律感。设计师弗尔维奥·比昂科尼设计的花瓶PEZZATL利用蓝、绿、红、黄、黑的大方块使热烈与奔放、优雅与深沉并存，这种设计使人通过观看也能产生"听到"一样的强烈的节奏感。

另外，可以通过声学方面的空间设计控制干扰性的噪声。噪声影响空间的音响效果，并且很快就会被察觉到。空间的外界面可以很好地保护空间内部不受外界噪声干扰，反之亦然。材料的声学效果取决于对声音的吸收能力，数值介于 0 和 1 之间，0 是完全不吸收，1 是完全吸收。声音的吸收程度依赖于碰撞频率。以下两种不同音响类型有着明显的区别：多孔的消声设备可以将声音吸收进入材料，在孔隙内部，摩擦将声音能量转化成热量，因此减少了材料对声音的反射；依靠振动的消声装置则因声波冲击而产生震动，这种共鸣也降低了对声音的反射水平。

空间音响效果的最重要因素是混响时间。混响时间指的是一个声音在空间中的延迟时间，需要根据空间的功能加以设计。一个音乐厅内部的声学设计应该尽可能精致，同样的，大型办公室的空间也有着具体的声音要求。大型宗教空间一般都有很长的混响时间与强烈的声音反射，相比之下，非常封闭的空间则显得小而幽闭。

嗅觉与味觉感方面：对于艺术设计领域来说，人的嗅觉与味觉感的作用是最弱的，但是对视觉感仍具有一定的辅助意义，艺术设计一般都在形、体、结构、颜色等方面着重表现，但是嗅觉和味觉的作用是起到丰富人们的认识的作用。嗅觉能够让人们回忆起曾经熟悉的场景或情节。有的时候视觉也会引起嗅觉与味觉的联想，进而增强视觉的吸引力。比如在海洋空间海洋生物展示主题中大背景一般都会使用高纯度的蓝色充斥整个墙面，里面有各种海洋生物在自由地遨游，在这种视觉背景下，人们会同时唤起对海洋的记忆，甚至会闻到大海的腥湿气息，信息传达得非常有效，方法智慧而又幽默。这是视觉感与嗅觉感和味觉感相配合进行全方位信息传达的一种手段。

材料的挥发和其他人的体味都会影响人们对所在空间氛围的感知，例如在图书馆、教堂、学校、储物室等空间内，强烈的气味可以压倒空间的所有其他因素，进而使空间发生变化。香味如果能够建立正面的联系，就能营造一种愉快的空间效果。购物商场和百货商店的特定区域经常运用香味给人们带来愉悦感。

触觉方面：人们对事物的温度、肌理、材料、质地等都会形成自己的触感体验，这种体验会弥补视觉观察对象、认识对象比较单一、片面的情况，使人们在视觉作用的同时，通过触感体验的方式增强信息传达的全面性。触感体验会直接唤起人们更丰富的情感体验，比如光滑而又冰凉的界面唤起的是寒冷与冷漠；温暖而又粗糙的肌理唤起的是舒服与自然……唤起的不止有感觉还有过去的记忆，进而增强人们对视觉形象的认同感。

组成空间的各个表面对人们的影响取决于材料使用的所有方面。除了具体的材料质量或者材料表面的质地以外，材料的基本性质也会影响人们的空间感受。

材料质感首先取决于材料的手工或机械制作的方式，但也是使用、老化或腐蚀的结果。大多数材料的表面质感可以被描述为粗糙的、精细的、光滑的、暗淡的、有光泽的等等。表面质感也能影响光环境、声环境、温度以及房间湿度。

在艺术设计活动中，触觉的体验有两种方式：①直接接触体验，是借助身体的部位和作品之间直接发生接触，进而感受不同的材料、不同的肌理等所形成的触觉感，同时结合视觉，从而形成更全面的认识；②间接接触体验，是单凭通过视觉观看的手段，不同材料和肌理刺激大脑中经验的回忆，进而做出初步判断，完成增强视觉体验。位于中国萧山的跨湖桥空间是跨湖桥遗址公园的一部分。跨湖桥空间的造型从发掘的"独木舟"中获得启发，从平面形态到立体面造型，都采用了"舟"形形态组织。而空间的外墙面，将采用充满历史沧桑感的锈蚀质感材料，充分展现8000年文化的厚重。此外墙面锈蚀质感设计就是利用观看者间接接触体验使观众有种历史沧桑感，从而强化空间的属性，令人有一种身临其境的触觉体验感。

当代艺术设计中的"视觉感"与其他"四感"的交融体验：当代艺术设计领域一直倡导设计"以人为本"，个性化的设计理念已经成为设计的依据，关注人的心理体验是社会文明进步的标志。视觉感是设计追求的最大目标，但是人的感知系统不是独立存在的，正常情况下感知系统交融体验才是开发人的感官机能，全面呈现设计作品的有效方式，使人与物之间沟通得更加有成效。

3. 体验感知的特点

人性化特点："体验"概念的引入使空间设计"以人为本"的特征更加突出，成功地将空间设计从"物"的设计转变为"人"的设计。

何谓人性化设计？人性化设计是指在符合人们的物质需求的基础上，强调精神与情感需求的设计。"以人为本"是在设计中将人的利益和需求作为考虑一切问题的最基本的出发点，并以此作为衡量活动结果的尺度。所以说，具有"以人为本"特征的空间展示设计是考虑了观众的层次性，照顾到了观众参观时的感受。使观众在心理上与展示要传递的信息之间产生了共鸣，并留下难忘的体验感。此时，空间已然成为传递信息的载体。展品本身已经不是展示的主体，而成了观众接受知识继而在头脑中得到难忘体验的工具；空间、灯光、音效等就成了大的背景；使用者则成了名副其实的"主角"。他们通过感知系统的协调工作整体配合达到体验的目的。虽然空间展示提供的道具、环境都是一样的，但是由于每个人的经历、成长环境、职业等各个方面的差别，体验感知也便具有明显的个性化特征。

娱乐休闲性：传统、保守的空间展示设计由于缺乏对体验精神的理解，导致观众走进的是昏暗、压抑的室内环境，看到的是简单、无趣的专业性较强的展示，听到的是机械、生硬的讲解。研究者发现，观众在空间逗留期间，对于普通文字的停留时间不会超过5分钟。造成此种状况的原因很明显是因为在不是很安静的公共空间中单纯地欣赏、阅读文字信息对于大部分人来说是件困难的事情。所以设计新鲜、有趣的传播信息的道具就成为一个很好的想法。

随着人们的精神文化需求的不断提升，大众对新鲜、独特的文化旅游体验的追求也越来越高，大众对空间的要求也随之提高，为了更好地达到空间传播知识、增强吸引力、增强观众"体验感"的目的，在传统空间展示手法中增加娱乐性、休闲性的展示方式成为必要。利用空间独特的人文氛围与光、音效环境，让观众参与进来，积极地调动人的体验感知系统，全方位地调动人学习体验的积极性。娱乐是人类最古老的体验之一，而且在工业文明相对较发达的今天，娱乐更发挥了巨大的人性关怀价值和经济效益。

带有体验精神色彩的空间展示设计，概括地说就是迎合了大众的口味，观众在放松愉悦的状态下接受知识，凭着自己的兴趣点与展品之间产生互动、沟通，达到寓教于乐的教育目的。比如位于哈尔滨市松北区的哈乐城，是中国唯一一座以未来职业体验为主题的体验馆，它以独特的体验教育模式领先业界。43个职业体验馆，近百种职业，是充满科技之城、爱心教育之城、爱的互动天堂。穿过时光隧道，洋溢着快乐、健康的气息，孩子们充分享受学习和工作带来的乐趣。在这里，孩子们充分发挥自己的能力，与伙伴们共同完成工作任务；在体验工作的同时，学习职业技能，并通过劳动赚取工资；学习理财，建立正确的消费观。同时，孩子跟家长分享着每一次劳动成果，共同探讨美好未来。他们同心协力、共同成长，亲情、友情被无限放大。哈乐城是经过权威专家团队设计，精心为五大优势的教育模块，整合融入商系五大核心理念。智商、情商、财商、职商和健商，创建了具备完美比例和先进理念的球体五商教育体系。该体系能有效地使少儿在学习、生活和娱乐的同时得到最具科学性的综合平衡发展。

互动参与性：体验经济本身就是一种开放的、互动的经济形式，这其实就为空间展示设计提供了设计的新鲜模式。任何一种非比寻常的情境体验都是人与物、环境之间互动的结果，体验的人置身于情境之中，情境交融，让人无时无刻无地不在体验与感受。这种互动性已经彻底打破了如同阅读教科书般的被动地接受信息，而是主动地参与到设计师所设置的体验环境之中。比如南京古生物自然历史空间，其中的一处楼梯步道设计的主题概念是"上山之路"。该处景点在楼梯步道两侧建造了两条模拟距今 2 亿年到 7 亿年之间的南京地区的地层概貌，让参观者在去参观区的必经之路上体验着空间所传达的信息，让人犹如已经置身于展示的主题中，充分增加了娱乐及休闲性。

高科技、未来性：体验经济形成于高科技日益发展的当代，我们今天的生活无处不存在着科技的因素，科技的影响已经比以往任何时候都要巨大，可以说，人的生活已经离不开科学技术。因此"体验价值"引导下的空间展示设计也必然受到科技的影响，必然具有高科技、未来性的特征。在空间展示设计中这种特征表现为：其一，设计师可以借助一些高技术手段，复原历史场景，让观众体验到文字内容所体验不到的真实信息，从而扩大了展示的张力。其二，设计师可以通过高技术的巧妙处理让观众从"五感"上对展示所传达的信息进行感受，达到传统的展示设计所涉及不到的全方位的体验。

4. 体验者心理研究

以体验为导向的空间设计主要是抓住了使用者猎奇、追寻超现实的刺激等心理。

猎奇心理：人们在贫乏的工作及家庭生活中暂时解脱出来，到不同的场所体验一番非比寻常的猎奇之旅，满足人们放松紧绷的神经及疲劳的视神经的需求。

逃避现实的心理：逃避现实是指人们期望扮演一种与自己现实生活完全不同的角色，加入到另外一个环境中去，这种体验来自人们对过去生活的怀念或者对未知世界的向往。例如，社会经济快速发展带来的生存压力令"80后"集体进入怀旧时期。针对这样的情感缺失，有人建立了"80后展览馆"，充分满足怀旧的情感。

获取快乐：没有人会将快乐拒之门外，并且人们还会到处寻找快乐的体验，哪怕为此要付出高昂的费用。比如出国旅行、到剧场看令人捧腹的演出。现代室内设计，特别是娱乐空间、商业空间、展陈空间，无不将娱乐性作为设计的一个主要方向。在泛娱乐化的时代里，室内空间也需要借助必要的手段创造出令使用者愉悦的设计方案，来保证吸引到足够的眼球。

追寻美好：人们对美的追求从来没有停止过，美好的形式能很大程度上提升体验者的愉悦感，满足人们对审美的追求。人们在丛林中漫步，不远千里、万里去欣赏漫山遍野的油菜花；在音乐殿堂中聆听动人的交响乐；在美术馆中欣赏震撼人心的艺术作品；在古朴的苏州园林里品茗赏琴……所有这些体验均直接影响人的情感，升华人们世俗平庸的心灵。亚里士多德说："爱好节奏和谐之美的形式是人类生来就有的自然趋向。"

第二篇
室内空间
体验设计

空间的概念

空间是人类生活的基础，是现代建筑、城市设计、景观设计和室内设计等学科最为关注的研究对象，事实上已经主导了这些学科的主流理论和实践。

彭一刚在《建筑空间组合论》中这样论述的："原始人类为了避风雨、御寒暑和防止其他自然现象或野兽的侵袭而创造了人们赖以栖息的场所——空间，这就是建筑的起源。"①

早在中国古代，老子在《道德经》中已经很精到地阐述了空间："埏埴以为器，当其无，有器之用；凿户牖以为室，当其无，有室之用，故有之以为利，无之以为用。"其用意就在于强调建筑对于人来说，具有使用价值的不是围成空间的实体的壳，而是空间本身。人们总是想尽办法用各种物质材料，按照一定的工程结构方法来围成一定的空间。

人们往往以一种新鲜的方式，通过个人感觉来直接感知空间。在不同的空间中，人们会进行不同的活动，例如有的空间适合行走观看、

① 彭一刚，《建筑空间组合论》，中国建筑工业出版社，1978年。

休闲购物、娱乐、睡觉或者工作；有的空间热闹，容易让人兴奋；有的空间安静，容易让人思考与低声说话；有的空间闲逸，容易让人放松……只用几秒钟，人们就能感受到一个空间是太近了还是太大了，是安全的还是危险的，是放松的还是紧张的，是吸引人的还是令人厌恶的，而所有这些感受都会相应地影响我们的行为。

一、空间特性

空间是容纳、限定、引导人与人的行为的主体环境，是设计的核心。罗斯（James C.Rose）在《花园的自由》中说道："地面形式是从空间的划分中发展起来的，空间，而不是风格，是设计中的真正范畴。"布鲁诺·塞维用一部西方建筑的发展史证明了一个论点"空间是建筑的主角"，并指出"尽管我们可能忽视空间，空间却影响着我们，并控制着我们的精神活动，我们从建筑中所获得的美感……这种美感大部分是从空间中产生出来的"。"通过亲自穿越空间，这四度空间所能诱发和使人把握到的是一种亲身体验和动态的成分。甚至连电影也还不具备我们直接感受空间效果所获得的那种完整而随意地领会任意获得的经验这个主要点。要想完全地感受空间，必须把我们包含在其中，我们必须感觉到我们是该建筑机体的组成部分，又是它的量度。"[1]

行为环境："空间形成我们所谓'行为的环境'的重要部分。"[2]"人类就是生活在这种环境中，而且经常不知不觉地被这个空间所影响。"[3]

---

[1] ［意］布鲁诺·塞维著，张似赞译，《建筑空间论》，中国建筑工业出版社，1985年，第139页。

[2] ［英］布莱恩·劳森著，杨青娟、韩效、卢芳、李翔译，《空间的语言》，中国建筑工业出版社，2003年，第27页。

[3] 南舜熏，辛华泉，《建筑构成》，中国建筑工业出版社，1990年，第150页。

活动催化剂："空间能容纳、分离、构成、促进、提高甚至褒扬人类的行为。"①"街道、广场、咖啡厅、门廊以及其他集体空间对社会生活非常重要，它们的空间设置对社会交往有催化作用，不仅仅针对某个人或者一种活动，所以每个人的行为都要与他们的目的和活动保持一致，给予他们机会寻找相对于他人的自己的空间。"②

时代精神：密斯·凡·德·罗宣称"建筑以空间形式体现出时代精神，这种体现是生动、多变和新颖的"③。室内空间、建筑空间和城市空间已经被视为心理学、社会学和文化人类学的现象。

二、空间限定

1. 限定的手法

围合与分隔："围合是通过建筑要素对空间进行限定的一种基本方式；分隔则是通过建筑的要素将空间划分成几部分。围合与分隔是辩证统一的一对概念，围合与分隔的建筑要素是相同的；围合要素本身可能就是分隔要素，或分隔要素组合在一起形成围合的感觉。空间及其围合体，在我们日常生活中的地位要比纯技术、美学甚至是符号学所描述的重要得多，空间既能将我们聚集起来，同时又能把我们分隔开。"④

覆盖：覆盖是形成内部空间感的重要手段之一。覆盖使得内部空

---

① ［英］布莱恩·劳森著，杨青娟、韩效、卢芳、李翔译，《空间的语言》，中国建筑工业出版社，2003 年，封底。

② ［荷］赫曼·赫茨伯格著，刘大鑫译，《建筑学教程 2（空间与建筑师）》，天津大学出版社，2003 年，第 135 页。

③ 刘先觉，《密斯·凡·德·罗》，中国建筑工业出版社，1992 年，第 3 页。

④ ［英］布莱恩·劳森著，杨青娟、韩效、卢芳、李翔译，《空间的语言》，中国建筑工业出版社，2003 年，第 8 页。

间获得庇荫，因此在空间上、功能上和场所上都是一种重要的限定方式。建筑、构筑、植被、设施等都可以成为覆盖。覆盖与"灰空间"的产生有着重要的关系。

凹凸：运用高差产生凸起或者下凹，通过改变地面的高差来完成限定，被限定的空间因而得以独立。下沉的空间往往具有较强的安全感，而不会过于引人注目；而凸起限定出来的空间则易成为视觉焦点。

设立：把限定元素设置于空间中，而在该元素周围限定出一个新的空间的形式。设立对空间限定的强弱程度与周围空间的尺度关系以及相对位置的处理等因素有关。[①]

灯光：灯光也可以成为空间限定的手法。最为典型的例子就是舞台上投向芭蕾舞演员的光柱，光线的存在，产生了强烈的空间感。

2. 空间限定的元素

从平面投影来看，空间的限定手法主要有点、线、面、体四种：

点：点是最简洁的形态，是造型的原生要素。几何学概念所谈的点，仅表示位置，没有形状和面积大小，表示着一条线段的开始或结束，或者两条线相交及相接之处。而作为造型要素的点，则是能被我们感知到的形象，是具有一定面积大小和形状的一种具体形式。点往往在平面上被用来作为设立的要素，作为空间的中心点、转折点、制高点等。

线：几何学概念中的线只有长度、方向和位置，没有宽度，而作为视觉要素中可见的线，则有一定的宽度。线是由点运动构成的，运动成为线的重要特征。线通过集合排列，形成面的感觉。应用线的粗细变化、长短变化、疏密变化的排列，可以形成有空间深度和运动感的组合。

---

①夏祖华，黄伟康，《城市空间设计》，东南大学出版社，1992年，第7—8页。

线在空间中往往被用作围合、凹凸的要素。如建筑中的隔墙体、景观中的边界等。直线、曲线、折线等不同形式和不同长度及比例的线限定出不同性质的空间。

面：一般来说，面与"形"是有密切关系的。面有轮廓线，它在造型上比点和线更能确定形的意义。面的形状是识别事物特征的重要因素，它因呈现事物的形象而被我们所理解。面是承载物质的基准。在现实生活中，各种形式的面丰富了我们的空间，它们能够用二维的方式，比线更细致更精确地描绘物体的外观形态。面是视觉对物体的最直观感受，面是观察者视觉焦点的主要元素。面的空间限定感强，是主要的空间限定因素。

体：体由面和线形成。可以同时完成对空间的多种限定。

综合作用：室内设计作为一门空间与实体的造型艺术，离不开点、线、面等基本要素，这些要素的美学特征直接反映了室内空间的美学形式。室内设计的实践活动可以归结为点、线、面等要素及形式美法则在设计过程中的运用。这些要素作为室内空间的一种形式符号，在不同的位置、不同的组合有着不同的视觉心理效果。点、线、面、体的综合作用使得空间限定的结果更加丰富。同时线、面、体都有虚、实之分，产生的空间感受和限定强度各有不同。

三、空间类型

许多不同的空间形式也会受到相同因素的影响，比如空间的功能、人们的想法、行为模式和需求等。在特定的气候、地域和时间的前提下，这些空间形式构成了在不同文化中均有体现的空间原型。因此，建筑形式常常可以表达出居住、生产和宗教等建筑功能，这意味着空间外形和结构设计能够明确地反映其中正在进行的活动。

接下来我们了解下常见的空间类型，我们可以从空间设计上很容易地推断出它们的功能。

　　尽管人们为了自身不断变化的需求，不断地改变空间并适应它们，但空间的很多结构特征依然得以保留。

　　功能性的空间：

　　空间的形式一般都会受到其使用功能的影响。每一座已建成的建筑和空间都是人类相互交往、进行交易、举行仪式、举办比赛、观看表演等的场所。这些行为很大程度上决定了空间的设计，反过来，空间特征也会影响使用者和使用功能。一个空间可能是某种特定行为的必要容器，也可能并不针对某种具体的行为。人们通过对是否能够或怎样清晰地从结构设计中辨别其具体功能的判断，识别和区分空间类型。具体的建筑需求可以很大程度地决定空间设计。如果某种复合形式多次被建造，它往往就会成为一种建筑类型。基础设施和工程建筑的概念往往非常直接地用于某种特定功能，且不可能再做他用。

　　如图2-1：巴西利卡首层平面，巴西利卡适合一种精确的空间形式，在整个建造历史中有着不同的变体（来源于世俗建筑）。从西侧进入的长厅与朝向东部耶路撒冷的后殿相互对齐。举行宗教仪式的圣坛则被安置在公众能够清晰地看到的地方。

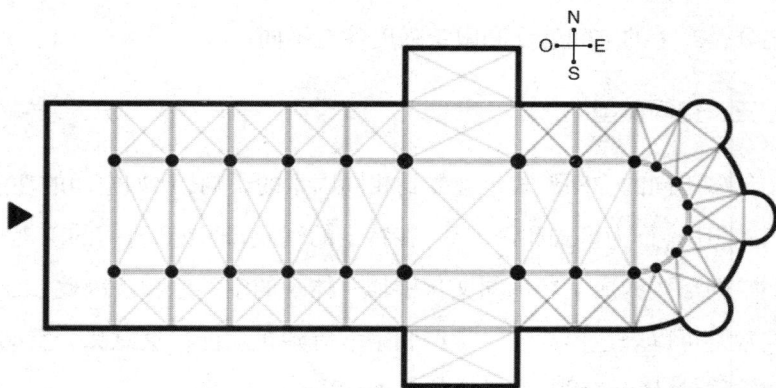

2-1 巴西利卡首层平面图

与巴西利卡空间相反的是一种多功能的空间类型，也是一种空间的概念适应性，同样对空间设计产生影响。因此，尽管一个城市公众广场仅被制定几个完全不同的用途，但单单是它的大小就可以容纳很多不同的活动，比如个人的随意休闲、集体的示威游行、夏日的纪念活动，还有每周的集贸交易等等。

场所精神：

空间和场所的关系："空间是一种包含全新内容的特质，这种特质可以被用以创造场所，所以空间和场所的关系是'能力'（competence）与'表现'（performance）。空间和场所是相互对应的，并在其中相互认知，使得对方作为一种现象存在。"①

"空间是渴望，一种对于可能性、外界、旅途、生机和开放、离开的期待；场所是停顿、内部、修缮、请假、休息，空间和场所是唇齿相依的，彼此促进。如果场所要加热、点火，那么空间就是燃料。我们需要两者作为建筑的基本元素，瞻前顾后。"②场所：荷兰建筑师阿尔多·范·艾克（Aldo van Eyck）曾对场所有着精彩的描述：无论空间和实践意味着什么，场所和场合的含义更多。因为空间在人的概念中就是场所，而实践在人的概念中就是场合。这一描述简明地指出了环境的确是由空间与它的周围环境、意义、人以及他们的活动组成的。③

领地：领地对于生命的存活，无论是从物质生活舒适的角度来讲，还是从良好的社会存在形式来说，都有着最为根本的意义，而这一点

---

① ［荷］赫曼·赫茨伯格著，刘大鑫译，《建筑学教程2（空间与建筑师）》，天津大学出版社，2003年，第25页。

② ［荷］赫曼·赫茨伯格著，刘大鑫译，《建筑学教程2（空间与建筑师）》，天津大学出版社，2003年，第25页。

③ ［英］布莱恩·劳森著，杨青娟、韩效、卢芳、李翔译，《空间的语言》，中国建筑工业出版社，2003年，第28页。

则要通过提供、组织和营造空间来实现。①

附加价值：场所暗示了对空间附加的特殊价值。它对于那些感到彼此依存和由于它而拥有了团结感的人们具有特殊的意义。②

虚拟场所："印刷术、电话、因特网……每一种通信方式都有自己的特点，他们一并改变了我们的生活。通过这些手段，我们人类就可以生活在许多种社会里，其中一些完全不能通过空间来划分，而是通过技术手段把相同兴趣的人组成共同体。"③

私密与公共：

空间级别的分类与它们的感官可达性有关。根据它们的功能、尺度和品质等因素，空间具有私密或公共的属性。人们能够很快识别出空间的属性，其行为将受到这个属性的直接影响。但是私密和公共功能之间经常混合或转变，两类空间之间的界限经常处于模糊状态。空间是公共还是私密，是可以通过尺度、社会控制度、可渗透度来进行判断的，具体包括空间界面开口的类型和数量等。

公共空间：

公共空间包括建成建筑和社区中所有可能的开放的空间，往往位于那些一般公众能够以多种方式使用的地点。公共空间可以同时容纳通行、运动、交往、静思等活动，可以接受来自不同社会阶层、国家、文化的个人或团体，他们在这里接触并交流，不需要通过媒介进行交易、表达观点和直接收集信息。公共空间由其规模所塑造。一般来说它为人们提供充足的活动空间。然而，因为公共空间也是公共交通和

---

① ［英］布莱恩·劳森著，杨青娟、韩效、卢芳、李翔译，《空间的语言》，中国建筑工业出版社，2003年，第173页。

② ［荷］赫曼·赫茨伯格著，刘大鑫译，《建筑学教程2（空间与建筑师）》，天津大学出版社，2003年，第24页。

③ ［英］布莱恩·劳森著，杨青娟、韩效、卢芳、李翔译，《空间的语言》，中国建筑工业出版社，2003年，第117页。

运输体系的重要组成部分，汽车、街道和列车同样对其规模产生影响。空间形式设计可以引导和控制人们活动的秩序，因此公共空间也具有政治意义。公共空间设计往往随着时间而被更新或改造，成为诸多功能和意义的见证者。

与小的私密空间相比，公共空间中的运动具有更大的自由性。公共空间保障被社会所认同的行为标准，来自他人的社会控制和监督会对公共空间中的活动进行限定和保护。

社会控制的缺乏可以使一个空间很快变得荒凉起来，公共活动将不再发生，也不再会吸引人们进入和停留。

公共广场和建筑一般都会被赋予象征意义或地标功能，并且结合其背景可以影响相关地区的城市结构发展。政治、科技、经济和宗教的发展，甚至交通与通信的新技术都可以不断地改变公共空间的设计、意义和功能。公共空间受所在场地的影响。特殊气味、特殊声音、气候条件或者人们在这个特定场地上的着装、行动和活动共同构成这个场地的总体印象，并且决定着空间的使用。由于文化和气候的不同，南方和北方地区公共空间及其设计与使用方式会有很大的差别。

只要有人类存在的地方，公共空间就会受个人利益和政治集团意愿所左右。使用功能的控制和对空间的设计也是一种权力的体现。

公共空间往往通过明确的方向指向所需的众多符号，在其中发生的活动往往是不能被公众看到的。

私人房间或公寓是典型的私密空间。对它们的设计往往是基于人体尺度的，并由人类活动及相关物体所限定，这些活动或相关物体一般不与公众分享。这类空间通常拥有实体的空间外界面，清晰地界定空间的内部和外部，并给人以一种安全、熟悉和亲密的感觉。这类空间的主人可以通过开启门窗来控制外人的进入。

四、空间感知

空间设计的核心认识是空间作为环境中人、物及与其他要素之间的联系，能够在感觉和认知上获得感知。

空间设计及其效果取决于人类对周边环境的感觉和认知。所有对环境的感觉和刺激经过大脑的处理，反过来又会影响个体的感觉、行为和运动。人类有多达 13 种感觉，包括视觉、听觉、触觉、嗅觉和味觉五种主要的感觉以及平衡感等。有些人不能拥有所有的感觉，或者不能感知或不能全部感知特定的感觉刺激，例如光线或声音。基于恒定的空间方位，平衡感可以感知重力，进而感知空间的垂直状态。[①]

在我们不需要彻底了解空间全部特征的情况下，人类的感知引导着每个人的日常活动。我们不断地使用新的空间。场所中的诸多信息能够通过感觉与认知系统快速得到处理，在还没有启动思考程序的情况下自动影响人们的行为。人们不需要认知空间的个别特征，完全可以通过对感知和信息的处理，很快就可以判断出空间是舒适还是不舒适的，是封闭恐怖还是开放安全的。我们都有过类似的感受，当我们一进入某个餐厅，马上就会知道自己是否喜欢这个空间，进而会影响我们对于是否在这里就餐产生直接的影响。[②]

空间感知是独立的。多年以后，成年人会感觉童年期成长的场所比记忆中变小了很多。同时，很多空间特征是以相似的方式被人们感知的。如果仅对一个人，方向感知系统是不能发挥作用的。对空间环境的感知几乎与人们的活动同时发生，而空间特定的属性则会促使活

---

① ［德］欧利奇·埃克斯纳，［德］迪特里希·普雷塞尔著，董慰、张宇译，《空间设计》，中国建筑工业出版社，2014 年，第 87 页。

② ［德］欧利奇·埃克斯纳，［德］迪特里希·普雷塞尔著，董慰、张宇译，《空间设计》，中国建筑工业出版社，2014 年，第 87 页。

动的产生。

封闭和距离感：

感知主要是人类视觉、听觉、触觉、味觉和嗅觉五类感觉综合的结果。这些感觉的强度因人而异（表1）。这五类感觉只能以整体的方式被人们感知，例如，当人们看到一幅表面粗糙的木版画，就能够感受到其特有的肌理和味道。

视觉	触觉	听觉	嗅觉	味觉
1000000	1000000	100000	100000	1000

表1：五种主要感觉的吸收能力（比特／秒）

1. 封闭感

人们通过嗅觉、触觉和味觉建立与被感知的实物的直接联系。这三种感觉往往不需要光线条件而且大多是容易获得的。由于通过接触表面可以感知空间形体，触觉便成为感受空间品质的必要方式。[①]

2. 距离感

听觉和视觉信号在人们获取感知的过程中共同协作。神经为这些信号建立联系网络，并且提供环境的方向信息。因此，在有特殊声学信号的空间中，比起在声音嘈杂的空间中，视觉更具有选择性。通过眼睛的晶状体，视觉信息在视网膜上形成一个环境的二维图像。对于视觉信号的理解是有条件地建立在个人经验基础之上的，因此，这个二维图像在大脑神经系统和个人经验的共同作用下，最终被感知为一

①［德］欧利奇·埃克斯纳，［德］迪特里希·普雷塞尔著，董慰、张宇译，《空间设计》，中国建筑工业出版社，2014年，第88页。

个复杂、混合的空间。

认知系统：

如上所述，人类智力或认知系统或多或少地会有意识地传达出某种空间感知的意象，这种意象影响着人们的行为、思维和情感。一个空间要素作为一个感知或者记忆符号，能够激发人类的本能行为。

空间感知的这种方式与阅读文本相似。与语言学的理论和方法相类似，知觉感知的刺激是从作为符号的空间要素中"阅读"出来的，并通过人类智力系统表达和解释这些要素的意义。空间要素因此被认为是数据传达器，能够比要素表层含义传达出更多的内容。

空间现象学：

现象学的哲学代表理论认为人类感知直接影响空间体验，也就是感官认知能够决定人的行为。人类不经过思考，就会有感觉和意识。在人类发展进程中，物质体验已经固化了人类对于事物、空间和时间的观念。自从人类存在，人体就与环境不可分割，空间设计在学习和知识探索中发挥着重要作用。[①]

3. 室内空间中人的行为习性

关于行为习性迄今没有严格的定义，它是人的生物特性、社会属性、文化属性与特定的物质和社会环境长期、持续和稳定地交互作用的结果。人的某些行为习性几乎是动作者不假思索做出的反应，也有些是后天习得的行为反应。

（1）人的行为习性

抄近路：观察人的穿行轨迹，在目标明确或有目的地移动时，只要不存在障碍，人总是倾向于选择大致成直线的最短路径行进，即抄

---

① ［德］欧利奇·埃克斯纳，［德］迪特里希·普雷塞尔著，董慰、张宇译，《空间设计》，中国建筑工业出版社，2014 年，第 90 页。

近路。只有在伴有休闲目的，如散步、闲逛、购物、观景时，人们才会闲庭信步，任其所至。抄近路习性可以说是一种泛文化的行为现象。所以室内空间体验设计中为了更好地将人们在空间中进行停留达到完成整个空间体验进而达到体验空间价值的最有效化，设计者可以运用墙体、隔断、景观、陈设等竖向构造设计对体验者的活动进行限制与引导，使抄近路者迂回绕行，从而达到阻碍或是减少这种行为的目的。而在需要人们快速通过，减少不必要的拥堵的路段应该符合人们的这一习性，这种疏导的方式往往效果会更好。

靠右（左）侧通行：不同的国家对通行的方向有不同的规定。在中国，制度规定靠右侧通行；而日本和一些欧洲国家，却靠左侧通行。当人们对某一区域不熟悉时，会先沿边界依靠符号或其他标志前进；当环境中没有明显标志时，大多数人会靠左侧通行。

逆时针转向：相关研究人员追踪人在公园、游园和展览会中的游览轨迹，发现大多数人的转弯方向具有"逆时针方向"转弯的倾向。

依靠性：观察表明，人总是偏爱逗留在柱子、旗杆、墙壁、门廊或建筑小品的周围。观察广场上停留的人群，大部分人都喜欢选择视野良好、较少受到人流干扰并有所依靠的座位。因为这类场所提供了可进行观察、可选择做出反应、如有必要可进行防卫的有利位置，而且还提供了一个防卫空间，使人免受伤害。

从空间角度考察，依靠性表明，人偏爱有所凭靠地从一个小空间去观察更大的空间。这样的小空间既具有一定的私密性，又可观察到外部空间中更富有公共性的活动，而其自身的位置又比较舒适隐蔽。如果人在占有空间位置时找不到这一类边界较为明确的小空间，那么一般就会寻找柱子、树木等依靠物，使之与个人空间相结合，形成一个自身占有和控制的领域。在实际的园林空间中，这类有所凭靠、同时又能观察更大空间的小空间比较受人欢迎。

看人也为人所看："看人也为人所看"在一定程度上反映了人对

于信息交流、社会交往和社会认同的需要。通过"看人"，可以满足人对信息交流和了解他人的需求；通过"为人所看"，则满足希望自身为他人和社会所认同的需求；通过视线的相互接触，也能加深相互间的了解，为进一步的交往提供了机会。

围观：很多人喜欢看热闹，从而引发围观甚至扎堆，由于人们偏爱复杂、丰富的刺激，一切反常的物品（如动物、遗失物、特殊广告、危险物品等）、动作（如长时间抬头观望固定目标、蹲地低头寻找等）和活动（下棋、施工、高空作业、意外事故等）都可能引发反应，导致人群自发扎堆。

（2）行为习性的差异

虽然人们的某些行为习性带有一定的普遍性，但在现实生活中，不同情境、群体和地域文化中的行为习性存在明显的差异。

情境差异：在不同情景中即使同一种行为习性也可能表现各异。一般，人和动物在遇到危险时，都会立即折回，具有沿原来出入路线返回的行为习性，这是"归巢本能"或"识途性"。环境心理学研究表明，当不明确要去的目的地时，便不大可能沿原路返回。因此，"识途性"这一行为习性更多地表现在灾变事件等特殊情境之中。

人在特殊情境中往往具有特殊的行为习性。例如，日本学者冈田光正提出，在火灾时顾客具有归巢性、向光性和从众性等特殊的行为习性。在现实中，越是维护良好的环境越是为人们所爱护，这就是"红地毯"效应：没有人敢往美观整洁的红地毯上吐痰；反之，越是受到污损的环境越易为人们所污损，可称为"垃圾筒"效应：在垃圾桶周围总是倒有很多垃圾。[1]

群体差异：同一行为习性在不同群体中存在明显差异。例如，不

---

①林玉莲，胡正凡，《环境心理学》，中国建筑工业出版社，2000年。

同年龄段的群体对"看人也为人看"的这一行为习性的表现也有所不同，在中青年群体中表现最为典型；老年人则更喜欢主动看人、看街或看一切可看的事物，并不十分在乎为人所看。学前儿童往往更主动地为人所看，甚至在客人或家长面前主动表现自己，以确立小小的自我存在感或是以此来确定自己是否被人所喜欢、接受。

另一方面，不同群体常常具有自己独特的行为习性。例如儿童，尤其是学龄前儿童，往往运用触觉感知外部环境，表现出好摸好动探索以及偏爱小空间等独特习性（即"猫儿洞"习性）；老年人喜欢跟人交流，偏爱扎堆、看街和神聊，以充实自己简单、平静的生活。

文化和亚文化差异：人类学家霍尔经过多年的考察，研究了若干行为习性的文化差异。例如德国人不习惯在公共距离范围内注视他人，认为这是一种侵染行为习性的文化差异。因此，在德国的公共场所，未经允许进行拍摄，可能会导致与拍摄者之间的冲突。

阿拉伯人历史上过着自由的游牧聚居生活，爱好人与人之间的相互联系，而不喜欢离群索居。他们不介意人群的拥挤，却对建筑的拥挤十分敏感，偏爱的空间必须面积大、顶棚高，能在其中无阻碍地来回走动，并且具有良好的视野。只要有可能，其住宅空间总是十分宽敞宏大，尽可能不做分隔，但对外却保持绝对的私密。视野对于阿拉伯人至关重要，因为视野加强了他们与周围和他人的联系。

行为习性不同于空间行为中的私密性、个人空间和领域性概念。大致说来，后者是人在使用空间时的基本心理需求，是人的生物性和社会性需求相结合的产物，可能因时代、群体和文化而改变其部分内容或程度，但不改变其实质，同时，这些基本心理需求带有普遍性。行为习性则是人在空间活动中带有一致性的活动模式或倾向，是部分人的生物、社会或文化属性与环境长期相互作用的结果，可能因时代、群体和文化的改变而完全改变，甚至消失，仅具有一定程度的普遍性。

基于行为考虑的室内设计应合理满足人的行为习性，设置有利于公众接触和交往的室内空间，保障使用的安全、易于到达和通过，同时设有供人逗留的空间和相应的休息、服务设施。控制室内空间的尺度（空间活动面积与活动人数比值一般控制在 40 平方米 / 人—3 平方米 / 人的范围，10 平方米 / 人左右比较适宜），利用绿化、水景、动物等自然和生物要素加强外部空间的生气感。为了满足不同活动、不同使用者的需要，室内空间设计应尽可能提供一系列私密性（公共性）不同的空间，形成明确的层次；在私密为主的空间中要保持试听联系的渠道；在公共为主的空间中应设置半公共（私密）的场所，形成相对隔离的小空间和半公共、半私密的过渡空间。

与空间功能相关的理论

一、需求层次

需求理论：马斯洛理论（Need-hierarchy thyeor）把需求分为生理需求、安全需求、社交需求、尊重需求和自我实现需求五类，依次由

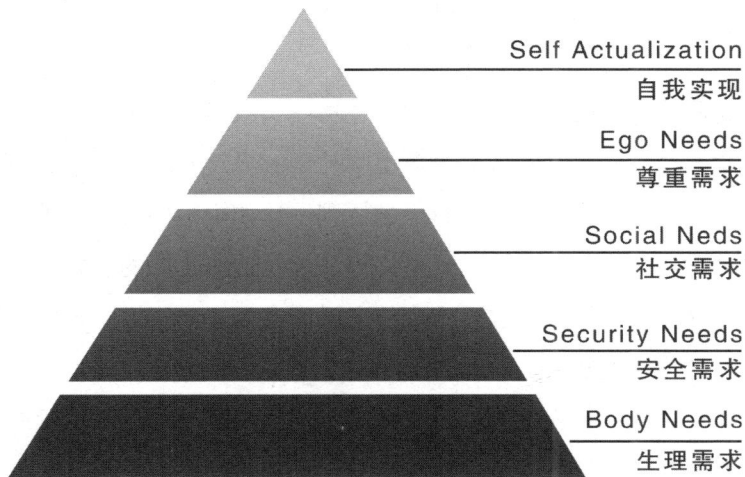

图 2-2 马斯洛需求金字塔

较低层次到较高层次。如图 2-2 所示。

人的基本需求：人的生理需求可以包括食物、水、空气以及居住等方面，这些需求是人类所有活动的前提，因此对于这些需求的功能满足应该成为设计的基本内容。

需求的普遍性：在生理需求的层面上，"所有的人都有同样的生理构造，同样的功能，所有的人都具有的同样的需求。"

安全需求：安全需求就是要保证人身安全、生活稳定以及免遭痛苦、威胁或疾病的需求。"人类寻找安全，因此这种安全无论是身体上的还是精神上的，都是一种功能。人类寻找庇护所，因此这种庇护所是一种功能。"

满足使用内容：对使用功能的满足至今是设计的一个基本原则。环境设计要为人类的日常工作、生活、娱乐等活动提供设施和服务。

舒适和便利性："只有这些关乎人类舒适与便利的属性在现代建筑中体现出来"，建筑的功能价值才能得以实现。"判断一座建筑物的适当功能的最简单的标准之一，就是便利性。"

居住需求：居住需求是人类基本的功能需求之一。"最低标准应该使每个成年人有他自己的房间，使所有的房间中都有充足的阳光、光线和空气。"

微观环境的控制："人们修建房屋，或多或少地提供了居住所需的微气候"，并且实现了对环境的控制。通过对现代技术和设计，人们对微观环境的控制已经越来越便利。比如中国的西双版纳"竹楼"通过设计，控制微气候。屋顶挑檐深远，造成大片的阴影，使下部房间阴凉；底层架空，阴凉的室外空气渗透到室内，空气自然流动，带走了热量，也避免了雨水的淹没和蛇虫的侵扰。

社会需求：人作为社会的动物，对社会有着强烈的依赖性，继而成为一种需求，他们需要在社会中寻找友谊、爱情以及一定的隶属关系，当生理、安全需求得到满足的时候，人的社会需求就被提上了日程。

图 2-3 体验过山车

良好的城市公共空间为人们的社会交往提供可能。

情感需求：情感也是社会需求中的一种。"建筑是一种艺术行为、一种情感现象，在营造问题之外，超乎它之上。营造是把房子造起来；建筑却是为了动人。"设计师不仅通过自己的作品来表达自己的情感，也通过设计来满足人们的情感需求，与人交流。很多优秀的设计可以为人所爱并使人产生归属感。如图 2-3 所示，体验过山车。为什么许多人愿意花钱去买恐惧呢？我们也许可以在过山车的体验中，感知人类对于不同情感体验的需求。

尊重的需求：每个人都有自己存在的价值并需要他人的认可和尊重。设计时还应该尽量多地考虑不同人群的需要，特别是那些需要特殊服务的残疾人、女性、儿童、老人等人群。

精神需求：我们的目标确保了我们的物质生活；我们的价值使我

们的精神生活变
得可能，"作为
一个理性的、生
物学整体的一部
分的人，将会发
现在自己家中的
需求不仅仅是放
松与恢复，同时
也是需要一个对
自己精力的和谐
发展。"如图 2-4
所示，"光之教
堂"，是日本著
名的建筑之一。
它是日本建筑大
师安藤忠雄的成

图 2-4 "光之教堂"

名代表作，因其在教堂一面墙上开了一个十字形的洞而营造了特殊的
光影效果，使信徒们产生接近上帝的错觉而名垂青史。它获得了由罗
马教皇颁发的"二十世纪最佳教堂奖"。

自我实现：所谓"自我实现"，就是指个人可以充分发挥其潜力
和才能，对社会做出自己觉得有意义、有价值的贡献，从而实现自己
的理想和抱负。大量的案例证明，环境可以激发或抑制人的潜力的发挥。

二、美学功能

1. 好的形式

功能与美：唐纳德·A.诺曼在《情感化设计》一书中指出，"美观的产品更好用。"因为美使人感觉良好，这种感觉反过来又使人更具创造性地思考，使人更容易找到所面对问题的答案。因此，美不仅是一种功能，它更激发了新的功能。

美的规律：人们投入极大的热情去发掘、批判和创造"良好形式"的方法并最终形成了一套定律、特性、规则和原则，用以指导具体的设计，如同布鲁诺·塞维描述的那样，包括"统一、对比、对称、均衡、比例、尺度、式样、真实性、表现、文雅、强调或着重、变化、表里一致、贴切"等。现代社会对科学和理性的推崇使得人们相信科学和技术能够完美地解决形式的问题，即只要遵循了那些原则，好的形式就会产生。如图2-5所示，在二战期间，柯布西耶最突出的建筑思想是"模数观念"的形成。他企图找到一个合理的模数，是与人体的比例相关的。采用这个模数来进行建筑设计，以至城市规划设计，这样就能把人与物进行和谐、紧密地联系，为人创造最佳的环境和建筑。虽然由于他找到的模数参考标准的不正确以及当时历史条件的限制等等原因，以至于他的"模数

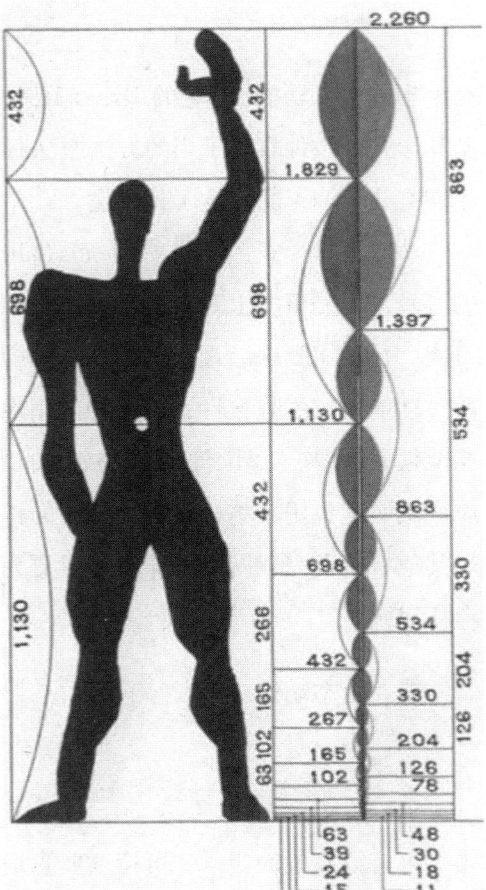

图 2-5

观念"是不成功的，但是，他的这个思想方式绝对是正确和先进的，他的这个"模数观念"就是现在所倡导的"人体工程学"，提倡设计要以人为本，设计适合人体的最佳尺度。

美与社会："建筑的目的是创造完美，因而，也创造美丽、效率。实现了这一目标的建筑师，成为伦理与社会品质的创造者；而那些使用建筑的人们将在他们处理彼此之间相互关系的时候，被熏陶出了某种更好的行为。"

2. 功能与形式

形式服从功能："它的用途在其一般方面是清楚地显示出来了的，而其形式以一种直截了当的方法服从着功能的需求。其结构是逻辑的，尽管有些单调，却表达了其用途。"

功能服从形式：沙利文（Louis Sullivan）提出过"形式追随功能"的口号，但是事实上存在着特例，正如赖特所说："在某种情况下，可能会是功能服从形式。"

功能解决的直接性：使用功能用最直接、最方便地满足需求是功能性强的表现。工具、程序和材料之间是相互作用的。在使用材料时，应该诚实地利用其本身特性。使用的材料和工具必须是最适合的，如果其他材料在完成同样工作时显得更为廉价和高效，那我们的选择就存在问题。

三、生态功能

1. 生态安全

可持续发展的要求：可持续概念是人类思想的新维度，这是人地危机导致的人类为了延续生存而提出的自救措施。可持续是一种人类适应生存伦理而提出的综合性策略。"总体环境责任"成了自然对人

图 2-6 2010 年上海世博会，万科展馆

类活动提出的新要求。如图 2-6 所示，2010 年上海世博会，万科展馆
以天然麦秸秆为建筑材料，形似 7 个金灿灿的麦垛。以"谷满粮仓"
的形态展示着现代建筑的自然、环保理念——这就是上海世博会万科
馆的独特造型。其主材是麦秸秆压制而成的麦秸板，各筒之间通过顶
部的蓝色透光 ETFE 膜连成一体。

3R 原则："3R"是因 Reduce（减量）、Reuse（再利用）、Recycle（再
循环）三个词的首字母而得名。"3R"设计时实现可持续发展的主要
原则，包含了拆卸设计（Design for Disassembly,DFD）、处置设计（Design
for Disposal,DFD）、回收设计（Design for Recycle,DFR）、生命周期
设计（Life Cycle Design,LCD）等，涉及原料取得、制造流程、包装运输、
市场、使用过程、丢弃等所有阶段。

能源利用：应该最大限度地利用能源，特别是开发和利用可再生
能源。一栋建筑应该"最低限度地使用燃料，同时维持正常运作；建
筑应该最低限度地使用新资源，并且当它完成历史使命的时候，能够

成为其他建筑可以利用的资源"。

2. 调试自然

环境的控制:人工环境与自然环境之间不应该是割裂的,人可以积极地调试周边的微环境,使互相作用和合作成为可能。正如诺伯格－舒尔茨所说,建筑物是通过过滤器、屏障和开关(门和窗)来做到这一点的,气候条件也被包括在需要被控制的事物中。

气候环境:"全面了解气候环境和这种环境下的发展,对于选择正确的解决方式是绝对必要的。虽然传统建筑长期以来都是自主进化的,但是它主要是以科学、有效的观念为基础的。"

整体生态:"我们需要重新认识过去的那种环境观,认识那些适应了气候和地域,使得人类生存于大自然中的建成环境,并且把它与人类共同看作地球生态系统中的一部分。"

其他生物:仅仅为人类而设计是远远不够的,所有的生命过程都可能成为我们的设计对象,"通过参加各种"生命过程,我们尊重所有物种的需要,同时也满足了我们自身的需要。融入那些再生的而不是衰竭的过程之中,我们会变得更加生机勃勃。如图2-7所示,云南省思(茅)小(勐养)高速公路动物走廊。为了保护自然保护区的生物多样性,思小高速公路的设计和建设"煞费苦心"。

图2-7 云南省思(茅)小(勐养)高速公路动物走廊

通过研究动物心理，野象谷一带的高架桥比老路高出 8—15 米，为从桥下过的野象建蹭痒的水泥墩。为尽量少地破坏野象谷生态，这一路段大量采用桥梁隧道，桥隧比最高达 90%，桥长 3 公里多。

四、社会功能

1. 社会性

合理化：功能的合理不仅仅是生理和个体的问题。因为合理化"所暗示的不仅是经济方面的考虑，同时也主要是那些心理学与社会性方面的特征"。

环境的情景：不同的社会生活内容提供了不同的情景，也诱发着不同的行为。同一个人在庙宇、宴会厅、学校等公共场所行为必然会有差异。这种情境"不仅要为可视的美学层面负责，为外在的感官负责，也要为无形的但又可感知的场所的精神负责"。比如意大利的摩德拿广场，是意大利第三大广场，第一是罗马的梵蒂冈广场，第二是威尼斯的圣马可广场。良好的设计营造出具有亲和力的城市公共空间。

象征："一个意味深长的手势或是建筑物的某种风格可以理解为一种语言，依靠这种符号，可以用一种特殊的方法来表现特殊的思想内容。"于是，作为文化符号传达意义，成为建成环境的一个重要功能。在中国帝制时代，黄色是天子的专用色，实现皇权的象征成为重要功能。在现代社会中类似的案例也不鲜见，例如用石材来象征庄严、用玻璃来象征通透和开放等。如图 2-8 所示，光之教堂，日本著名的建筑之一。它是日本建筑大师安藤忠雄的成名代表作，因其在教堂一面墙上开了一个十字形的洞而营造了特殊的光影效果，使信徒们产生接近上帝的错觉而名垂青史。空间以坚实的混凝土墙围合，创造出绝对黑暗空间，阳光从墙体上留出的垂直和水平方面

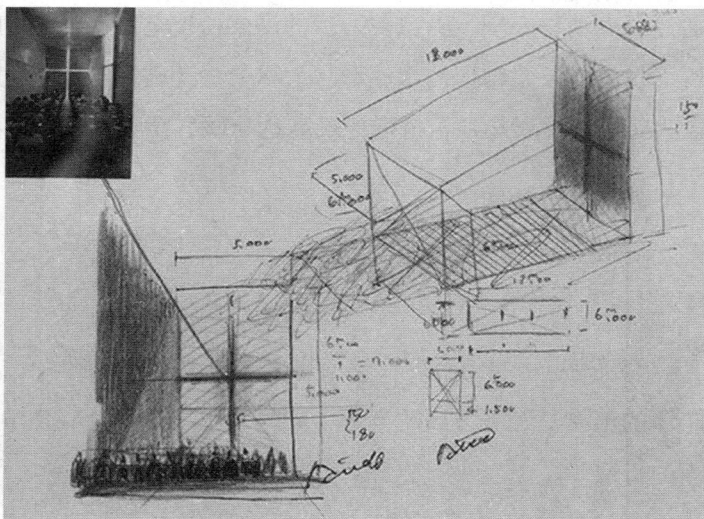

图 2-8 　　　　　　　　　　　　　　图 2-9

的开口渗透进来，从而形成著名的"光的十字架"——抽象、洗练和诚实的空间纯粹性，达成对神性的完全臣服。沉溺于安藤神话的想象与忏悔，置身其中，浑然不觉时间的流逝。图 2-9 所示，是安藤忠雄作品光之教堂的手稿。

2. 教化功能

童年经历：弗洛伊德认为儿童的早年环境、早期经历对其成年后的人格形成起着重要的作用。因此，为儿童提供一个生理和心理上的安全、健康的成长环境对儿童今后的发展有着非常重要的意义。

环境的"教化"功能：正如拉普卜特所说的那样，"环境作为教学媒介"，一旦被认识到了，就会成为提醒人们采取恰当行为的记忆方式。拉普卜特曾经以起居室与客厅具备与否，以及在餐厅与厨房或随便任何地方吃饭对比的例子来论述环境对儿童的文化濡染所产生的影响和后果，并指出在某些情况下，环境强加给人们一种秩序或分类方式，强加对某系统和行为以接受社会要求的学习。

五、经济技术功能

1. 经济性

节约造价：对于设计而言，经济性一直是衡量设计优良的标准之一。为了节约经费而进行仔细推敲，往往是设计师聪明才智的一种体现方式。

经济性的本义：把材料（任何适合的材料）整合起来，建构一个具有特征的整体，之所以有特征，因为它是连贯的。与此相关的是一个真正平衡的经济观点，这里的经济不是运输奴隶的交通工具，而是一个生命有机体的经济。如图2-10所示，长城脚下的公社——竹屋，日本建筑设计师隈研吾的作品。这座建筑的外表都用竹子包起来，隈研吾认为，竹子是中国的符号和象征，在世界任何地方看到竹子，人

图2-10 长城脚下的公社——竹屋

们就会想到中国。竹子作为建筑材料具有突出的经济优势，作为可再生材料，竹子需要的生长周期要比木材短得多。

综合成本：当谈及成本概念的时候，它应该是一个综合概念。例如，对建成环境而言，至少应该包括材料成本、运输成本、加工成本、施工成本、运营成本和处理成本。这种成本概念不是静态的，而是动态的。如果考虑

图 2-11 赫曼米勒椅

时间因素（如使用年限），评估的结果往往会发生变化。如图 2-11 所示，赫曼米勒椅，坚固耐用的东西更为经济和可持续。座椅经久耐用，而且最容易磨损的部件都可以轻松地完成更换和回收。

2. 社会与技术

服务以外的功能："功能并不意味着机械的服务，它也包括在一个确定时期的心理的、社会的和经济的条件。如果连同金融与技术方面的考虑，将会向前迈进一大步，结构、社会经济、技术和有效性诸问题，也被认真地加以检验。"

信息传达：对品牌而言，产品传递信息的功能已经大于满足实际功能的需求。品牌的现象进一步改变了设计的功能，这一新功能是以

一种超然于结构、地域、空间的姿态出现的。于是设计呈现出一种新的含义，"因为作为品牌图像和信息的表达，它们是使人信服的相当重要的一部分"。

技术瓶颈：技术经常会成为创意的瓶颈。里特维尔德的 Z 形椅和潘顿椅的对比可以看到，因为材料技术的发展，创意得以解放。如图

图 2-12

图 2-13

2-12、2-13 所示，里特维尔德的 Z 形椅和潘顿椅的对比，注意 Z 形椅交接处的加强处理。由于新材料的发明，潘顿椅实现了 Z 形椅没有达到的整体性和流畅性。

标准化：标准化是指在一定的范围内获得最佳秩序，对实际的潜在问题制订共同的和重复的规则的活动。标准化设计可以大幅提高工作效率和降低建设成本。在设计中被广泛运用的各种国家和地方标准图集就是明证。

3. 产业的影响

企业战略：建成环境的设计、建设和使用，牵涉众多产业。现代设计运动的发轫与工业革命密切相关，每一次产业革命都是对设计的推动。相对应的，设计对企业的贡献也已经被提升到了战略工具的高度。设计师的工作成为企业战略的有机组成部分，设计是为了满足这种战略的需求。

产业转型：随着世界范围内的产业转型，信息产业、零售业、金融业等成为最能集聚财富的行业。即便从品牌角度看，生产商正逐渐被零售商与发行商逐出了品牌拥有者的行列。这种变化，促使设计师越来越关注自身在设计和商业环节中所处的位置，因而对企业文化或目标群体的研究成为必需。现在，这一趋势正由产品设计渐渐向室内设计、建筑设计等其他领域扩张。交互设计和界面设计在各设计领域开始兴起，并成为功能的解决之道。

时尚产业：广义上讲，时尚成了商业机器运作的一部分。"时尚可以解决和提出很多范围内那些普遍却又琐碎的问题：它们总是与金钱和大规模产业系统紧密联系，精确地反映了对权力、社会地位的驱动力。"

可持续义务：可持续已经成为一种新的伦理，并对人类生活的各方面提出要求。人类进入产业化的方式对环境施加影响，在论及环境救治的时候也必须以产业化的方式来应对。在环境设计中对使用何种产品、程序和服务的倡导，因为要考虑"什么是可持续的"这一要求而染上了伦理色彩。同时，对服务和使用等非物质要素的考量，将企业置于一种更为综合的视角之中。

室内居住空间的功能组成

室内空间是建筑内环境的主体，建筑依赖室内空间来体现它的使用性质。室内空间设计的主要内容包括：建筑平面设计、空间组织与塑造、围护结构内表面（墙面、地面、顶棚、门和窗等）的处理，自然光和照明的运用以及室内家具、灯具等陈设品的设计、选择和布置，此外还有植物、摆设和用具等的配置。

室内空间的功能包括物质功能和精神功能两方面内容。芒福德（Lewis Mumford，1895—1990）认为"一个独立的人是难以在社会上达到稳定的，他需要家庭、朋友及同事去帮助维持他自身的平衡"。他强调要密切注意人的基本需求，包括人的社会需求和精神需求；强调以人的尺度为基准进行设计。物质功能包括使用上的要求，如居住空间的面积、形状、家具、必备的电器、交通组织、消防疏散、安全舒适、满足最基本的社交、备餐、就餐、睡眠、卫浴、工作学习、储藏、娱乐等需求以及科学地创造良好的采光、照明、通风、隔声、隔热等的物理环境等。由于人不同于一般的动物，而是具有思维和精神活动的能力，因而供人居住或使用的空间应考虑对于人的精神感受上所产生的巨大影响。包括房间的举架的高低、颜色的搭配、家具的大小与房间的比例等对人产生的空旷、害怕、压抑、混乱、刺激、拥挤、烦躁、舒适、安全等情感体会，这都属于居住空间设计的精神功能范畴。

建筑内部空间是根据相互间的功能关系组合而成的，而且功能空间相互交融，空间的利用率才会达到最高。空间组织不再是以房间组合为主，空间的划分也不再是局限于硬质墙体，而是理性的分析各种功能空间的逻辑关系。

在我们的生活中，家扮演着重要的角色，它在今天或许比历史上任何时候都更加重要。家不仅提供了栖息之地，保护我们不受伤害，还有助于一个人的成长，甚至能改善我们的个人形象。简而言之，家是满足人类的各层次需要的核心，是人们物质生活和精神生活的体现。给现代居住环境下定义，则必须结合当下的经济状况、生活方式、人员结构、文化层次、价值取向等人文因素。不同时代的生活方式对居住空间提出了不同的要求。正是由于人类不断改造和现实生活紧密相关的居住环境，才使得居住空间的发展变得永无止境，并在空间质量方面得到了充分的体现。

对一门学科的认识，往往无法脱离具体的情境。因人而异、因时而异、因势而异的特性，会一直伴随着认识的全过程，同时也伴随着学科发展的全过程。由于定义本身往往是在被定义的过程中逐渐明晰的，所以采用动态的方式去看待一个问题是比较好的选择。首先我们先看看"什么是设计"及设计语言的内容。

艺术类的设计通俗的说是把一种计划、规划、设想通过视觉的形式传达出来的活动过程。

设计的本质在于创造，创造的能力来源于人的思维。对客观世界的感受和来自主观世界的知觉，成为设计思维的原动力。设计是处于艺术与科学之间的边缘学科。设计就是解决问题。既然是解决问题，那么就应该运用科学的方法。

美国著名的设计教育家舍利尔韦顿把学习室内设计比作学习外语，如果词汇和语法都精通，我们就可以充分地表达自己的想法。室内设计有其独特的词汇，涉及材料、风格、形式、细节、光线、色彩、图案、纹理、线条及质量等。其语法可以理解为设计的原则，涉及平衡、旋律、重点突出、对比均衡、局部与整体、多样性以及和谐性，就像选择词汇并根据语法规则组成句子一样，我们用设计的要素并根据已有的设计原则来创造出室内设计作品。如同优秀的作家可以以创新而有趣的新方式运用语言，天才的设计师们也经常打破现有的规则和条框以发掘全新的流行趋势及品位。

一、居住空间的特性

有好几个因素影响并决定着设计：一个物体所具有的功能，产品制作所使用的一种或几种材料，生产中使用的技术或方法，以及不断变化的关于风格和合适性的想法等。概括地说，独特性、实用性、美观性和经济性这四个方面成为对设计的质量进行评估的基础。

1. 独特性

家庭之间的不同反映了各自的特点，它是家庭的每个成员的风格与个性的体现。只有在家庭成员都参与到设计过程中才能体现，有时它需要经过一定时间才能充分体现，比如在居住了一段时间之后。对客户情况的准确详细的描述是室内设计师充分反映客户个性的基础。对客户情况的描述是在对该家庭成员进行采访，了解每个人的习惯、兴趣、价值观、心理需求、相互关系、偏向爱好，以及其他有关年龄、性别、生命周期所处阶段和家庭类型如单亲家庭、核心家庭、无子女家庭、大家庭、老年家庭等情况后才能得出的。

即使采用了某一类型，如极简抽象艺术的设计风格，家的风格仍然应该能反映出居住者的独特个性，而不仅仅是对该风格的各个构成部分作如实体现而已。在这一意义上，风格指的是独特的设计、施工和操作方式，它体现的是某一文化时期、某一特定的方位或观念。个人的风格是对一个人的生活方式和其所做选择的和谐反映，只有把个人的各方面的因素渗入设计过程中后才能够体现。他只有展现出个人的基本的生活方式才具有说服力，而并非附和最新的流行时尚，相信没有人喜欢自己的家像旅馆一样缺乏个性特征。如图 2-14 所示，位于法国巴黎塞纳河边的普瓦西德萨夫伊别墅（1929—1930），它体现了勒·柯布西耶对建筑的"英雄式"的处理方法，赋予了建筑及室内空间一种抽象的视觉艺术。萨夫伊别墅室内空间的楼梯体具有现代抽象雕塑一般的张力及动态。

图 2-14 萨夫伊别墅

因此，住房的特点就是室内设计独特个性的体现，它可以使空间呈现出温馨气氛，而且保持持久的吸引力。

2. 实用性

功能或实用的需求是指满足那些使用该空间人们的要求——他们希望得到的使用功能、生活方式、欲望要求和限制范围，包括当下的和将来的。每个人都希望居室空间和家具设施是有效"运转"的，能够为期望中的目的服务。客户的基本情况对设计师来说是个工具，他便于设计师去收集需要处理的有关功能需求的信息。最漂亮的室内装潢如果对不得不使用它的人来说不能有效发挥功能的话，那就算不上成功。

此外，功能需求包括为开展各项活动提供的空间和它的面积大小，它和其他房屋面积之间的关系（邻接关系）、方位的考虑、朝向、设施、机械配件和使用规定等。

3. 美观性

审美方面的考虑包括客户对美观、风格和个性的追求。常言道，美就在人的眼中，这意味着美是因个人的理解和审美标准而异的。或许可以这么说，机械制造的精密产品对某个人颇具吸引力，而对另一个人来说吸引他的则是手工制造的、各有差异的制品。对美的看法也受时间和文化的影响，这只要看一下在另一个时间或地区拍摄的设计作品就可以一目了然。但是，使人的感官得到满足，精神得到升华的设计质量，一般只有通过采用设计原理和设计要素才能够取得。在这一意义上，设计师是在指导，必要的话，也可以说是在教育客户去取得这样一种结果，他在美学、文化和功能各个方面都是"适合"的，而且给人以愉悦的感觉——满足人的感官刺激的内在需要。人对居住环境进行美化的努力在早期的考古发现中也可以看到。家常常是这样一个环境，唯有它才能给予我们进行探索和表达我们对美的独特观点的自由。

4. 经济性

最后，在项目的可行性、范围、程度和质量方面，经济因素至关重要。经济方面的许多考虑会影响最后的设计决策。设计规划不仅必须具体列出施工所需的资金和购买的设备材料的品牌和数量，还应包括目前已有的材料设备的库存情况、材料购置的初始成本以及今后长时间内的维修与更换费用，也必须把需要的和缺少的部分区别开来，由此来确定设计中应该优先考虑的方面，而且设计规划还必须显示用现有的资金能够完成的任务。在初步设计和计划中有很多方法可以限制施工成本。施工平面图、建筑材料、个别的零配件等的成本节约都可以在设计过程中考虑进去。设计中还应考虑如何满足客户变化着的需求，在这方面的灵活处理也会降低成本的支出。

经济指的是对人员、材料、资金和自然资源的管理。负责的设计师也会考虑生态和环境方面的问题（对成本有影响）。方位的选择、朝向、隔音隔热以及数量多可回收利用的，或是安全的可降解材料的使用等也应予以充分考虑。如图 2-15 所示，由荷兰设计师 Joost van Bleiswijk 设计的位于阿姆斯特丹市的设计项目，整个建筑空间构架及家具均采用 10 毫米厚的蜂窝纸板进行设计，通体没有用任何胶水及螺钉，这是应用环保材料的大胆尝试。

独特性、实用性、美观性和经济性这四个方面的问题紧密相连，犹如织品中的经纬交错一般，其中任何一个都不可能和其他方面完全分隔开来而充分发挥作用。另一方面，同时考虑这四方面的因素也是很困难的。在挑选某些材料和家具，比如地毯或椅子时，功能和价格可能是首先要考虑的因素。在这两方面的要求得到满足后，那就可以考虑美观和独特性了。

图 2-15 Joost van Bleiswijk 的设计

但是在挑选配饰品时，美观和独特性可能是应该首先考虑的，每个目标都必须和其他目标联系起来以取得平衡，从而达到优秀设计的大目标。

二、居住空间功能组成

1. 玄关

玄关原指佛教的入道之门，后来泛指厅堂的外门，过去中式民宅推门而见的"影壁"，就是现代家居中玄关的前身。玄关是居室入口的一个区域，现在专指住宅室内与室外之间的过渡空间，也是进入室内换鞋、更衣的区域，也有人把它叫作斗室、过厅、门厅。在住宅中玄关虽然面积不大，但使用频率较高，是进出住宅的必经之处。玄关是整体居住空间设计的缩影，其风格、色彩、材料、家具、饰品都必须融入整体空间环境之中。玄关往往可以表明其他部分的特色和基调以及接待客人的方式。它看上去可以是令人愉快的、令人向往的，显示出主人的热情好客，也可能像城堡一样，反映出主人对私密的渴望。无论如何，第一印象常常是强烈而持久的。

（1）玄关设计应遵循的原则

缓冲视线。中国传统文化重视礼仪，讲究含蓄内敛，有一种"藏"的精神。体现在住宅文化上，玄关就是一个生动的写照，不但使外人不能直接看到宅内人的活动，而且通过玄关在门前形成了一个过渡性的灰色空间，为来客指引了方向，也给主人一种领域感。另外，玄关的设置也为访客留下了"视觉悬念"，只有转过玄关才能看清客厅的全貌，似有"柳暗花明又一村"的感觉。

间隔空间。室内设计是最讲究空间的组织和规划的，玄关的隔与不隔、如何隔的设计结果对整个空间都有很大的影响。对于大空间来说，玄关的隔是对内空间的区分，相对来说比较独立，还会彰显屋主的品位；对于小空间来说，玄关的"隔而不断"会使整个空间既独立又连续贯通。

储物收纳。玄关的实用性主要体现在储物收纳上，放置雨伞、挂雨衣、换鞋、放钥匙、放包、挂外衣等一系列需求都要得到满足。

（2）打造玄关的5个要素

灯光：玄关区一般都不会紧挨窗户，要想利用自然光的介入来提高区间的光感是不可奢求的。因此，必须通过合理的灯光设计来烘托玄关明朗、温暖的氛围。客人进门时应该看清楚走道，但灯光不要太耀眼。一般在玄关处可配置大小适中的吊灯或吸顶灯做主灯，再添置些射灯、壁灯等作辅助光源，柔和的灯光有助于引导客人进入较为明亮的起居区域。

色调：色调是视线最先接触的点，也是给人的总体色彩印象。不同的色彩应用也暗示着室内空间的主色调。玄关的墙面最好以中性偏暖的色系为宜，能让人从令人疲惫的外界环境转而体味到家的温馨，感觉到家的包容和温暖。

家具：各种风格的条案、低柜、边桌、明式椅、博古架等在玄关处的摆放，可以承担不同的功能，或集纳，或展示。但鉴于玄关空间的有限性，在玄关处摆放的家具应以不影响主人的出入为原则。如果居室面积偏小，可以利用低柜、鞋柜等家具扩大储物空间，而且像手提包、钥匙、帽子、便笺等物品就可以放在柜子上了。要有适合坐在上面穿鞋、脱鞋或等候的座位。另外，还可通过改装家具来达到一举两得的效果，如把落地式家具改成悬挂的陈列架，或把低柜做成敞开式挂衣柜，增加实用性的同时又节省了空间。

饰品：做玄关不仅考虑功能性，装饰性也不能忽视。一盆小小的雏菊，一幅家人的合影，一张充满异域风情的挂毯，有时只需一个与玄关相配的陶雕花瓶和几枝干花，就能为玄关烘托出非同一般的气氛。另外，还可以在墙上挂一面镜子，或不加任何修饰的方形镜面，或镶嵌有木格栅的装饰镜，不仅可以让主人在出门前整理装束，还可以扩大视觉空间。

地面：玄关地面是家里使用频率最高的地方。因此，玄关地面的材料要具备耐磨、易清洗的特点，地面的装修通常依整体装饰风格的具体情况而定，一般用于地面的铺设材料有玻璃、木地板、石材或地砖等。

2. 起居室

起居室，主要是供居住者会客、娱乐、休闲等活动的空间。中国老百姓习惯称之为客厅，实际上对于空间相对比较宽敞的别墅空间来说，会客厅与起居室可以同时独立存在，比如在一层设置以会客为主的会客厅方便接待客人，二层可以设置起居室以满足家人休闲、娱乐、交流情感等的需求。二者的设计也可以有所区分，会客厅主要突出屋主的品位、修养、地位，装修要华丽、大气同时不失优雅；起居室主要塑造一个亲切、温馨、舒适的氛围。而对于 100 平方米以下的平层住宅空间来说是不能达到这种要求的，只能多种功能兼而有之。所以此时如何在有限的空间内处理好多种功能的兼容成为设计的首要任务。

会客是起居室的主要功能，同时还可用于阅读、音乐欣赏、影视欣赏等，这些区域活动的性质相似，但由于进行的时间不同，因此可以尽量合并以增加空间。活动性质冲突的区域要分开设置，以免相互干扰，比如视听区、游戏区和阅读、书写区应该区分开。

游戏需要在一定程度上集中精神，所以把游戏空间安排在受外界干扰影响较小的地方是最舒适的。对多数家庭来说，摆放在起居室、餐厅或家庭活动室的折叠式牌桌、餐椅就足够了，但是很认真的玩家会要求将桌子恰当地固定好，设置灯具在桌子上方，附近还要有放置游戏用具或其他用具的地方。

交谈是最普遍的社交活动。在起居空间中要考虑为每个人（包括经常来访的客人）准备舒服的座椅，比如一个大的拐角沙发同时可以容纳很多人，可以满足人们很多种休息需求。几个座位就可以组成一个活动中心，比如说阳台，虽然空间不大，但却可以塑造得很私密。此外，会客区的家具还包括茶几、两把安乐椅、一盏台灯、一张游戏桌、有充足照明的写字台、一把读书专用椅或一架钢琴等等。在空间布局上都要考虑紧凑而有节奏，衔接自然，同时每个区域在视觉上都应该保持整体感。

音箱扬声器对空间布局也会产生很大的影响。为了达到最佳的音响效果，很有必要多做几次尝试。一般来说，扬声器应该按照制造商建议的方式安装，例如用于架式安装的扬声器不能放在地板上，也不能高于听者坐着时耳朵的高度；把扬声器放在角落里或与墙和地板太接近，都会明显增强低音效果；同时还要注意不要把扬声器放在厚帘子或带软垫的大件家具后面，因为这些东西会吸收扬声器发出的高频声音。当只用两个扬声器时，应该把它们放在房间较长的一面墙上，两者相距一般要在 1.8—3 米，并且与房间角落的距离相等，这样放置声音最和谐。最佳的收听位置应该是在扬声器对面与它们距离相等的地方。一般来说，扬声器到收听区域的距离要比扬声器之间距离的一倍半还要稍近些，如果扬声器间距为 2.1 米，也就是说收听距离大致在 3 米。这条规律在很大程度上取决于扬声器和房间的特殊声音特性。在扬声器和收听区域之间铺一层厚地毯，也会减少声音的过度反射。如果音响形象太狭窄，那是因为扬声器靠得太近了。但另一方面，如果出现一个声音"空洞"，那是因为距离太远。扬声器之间的距离——以及扬声器与收听区域的距离——应该通过反复试验进行调节，以达到最自然的声音传播效果。新式的"环绕立体声"设备需要在一个房间内安装 6 个或更多的小扬声器，通常是嵌在墙壁或天花板上，并且大多数朝向房间后部。

家庭放映活动室或视听室设计应遵循的原则：

要考虑座位舒适、声光控制以及不要影响到不想参加的人；

座位应放在与屏幕中心成 30 度角的空间范围内，以免视觉效果变形，使用搬动方便的椅子或转椅会增强灵活性；

座椅要舒适，并在必要的观看角度和距离范围之内，地板上的矮墩或垫子增大了房间座位的容纳量，长沙发使观看者可以有多种观看姿势；

屏幕的高度应尽可能接近眼睛的高度；

眼睛与屏幕中心的角度不要超过 15 度，这样看起来最舒服；

灯光有必要暗些，特别是看电视时，但灯光既不能照到屏幕上也不能照在人眼睛上；

灵活的开关很重要；

屏幕周围的区域应该比观看区域暗些；

声音的控制与音乐的要求类似；

观看电视最佳的空间距离应该是屏幕对角线长度的2—3倍；

电视机可以安装在墙体上，可以放置在电视柜上，也可以放在从一个地方推到另一个地方的移动式的架子上。

3. 餐厅

餐厅是家人朋友共处的重要生活空间。舒适的就餐环境不仅能够增强食欲，使身心得到彻底的放松，还能促进家人朋友之间的交流，几乎所有的民族都赞同请客吃饭是对客人热情款待的标准象征。可见餐厅的设计在居住环境设计中的重要地位。餐厅的整体设计应该注重温馨、舒适、亲切、温暖氛围的营造。

现代的人们早已习惯了在居住空间中设置一处独立的空间供家人就餐，然而由于人们对灵活开敞空间的追求日益增加，越来越少的家庭愿意留出一块完全隔离的空间供一天中这短短几个小时的使用。餐厅的开放或封闭程度在很大程度上是由可用房间的数目和家庭的生活方式决定的。就餐空间可以是两个或两个以上，它们有的是独立的，有的是和别的空间融为一体的，可以根据环境的需求而灵活改变。

餐厅设计要点：

餐厅最好独立，不提倡"模糊双厅"。面积较大的家庭最好设独立的餐厅，如果面积有限，也可以将餐厅设置在客厅，或者餐厅和过厅共享一个空间，但餐厅和客厅或过厅应有明显的分区，比如通过地面或天花的处理来限定出就餐的空间，最好不要出现空间限定不明确的所谓"模糊双厅"。

餐厅应该是明间，光线充足的餐厅，能带给人进餐时的乐趣。餐台通常高 730—760 毫米，但是根据家庭成员的需要可以稍低些，每个餐位需要宽 600 毫米的空间。座椅要舒适，选择椅子的风格、尺寸、有无靠背、有无扶手等要与桌子的尺寸、风格甚至于整体空间的状况相协调。餐厅净宽度不宜小于 2.4 米，除了放置餐桌、餐椅外，还应有配置餐具柜或酒柜的地方。面积比较宽敞的餐厅可设置吧台、茶座等，为使用者提供一个浪漫、休闲的空间。

餐厅与厨房的位置最好相邻，避免距离过远，耗费过多的配餐和收拾整理餐具的时间。并且为了方便与安全，餐厅与厨房应该位于同一楼层。但对于中餐的烹饪习惯来说，餐厅不宜设在厨房之中，因为厨房中的油烟及热气较潮湿，人坐在其中是无法愉快用餐的。

餐厅应该简洁、明快，给人轻松愉快的感觉。餐厅装修最好采用容易清洁的材料，造型要简洁，不宜过于烦琐，使人产生压抑感，色彩要用暖色调和中间色调。要善于运用照明来烘托就餐的愉快气氛，餐厅一般都用能伸缩的吊灯作为主要的照明，配以辅助的壁灯，灯光的颜色最好是暖色。

餐厅的照明设计：

餐厅的照明设计可以突出餐厅的特色和氛围。在设计餐厅照明时需要注意其艺术性和功能性，单纯追求一个方面是不行的。餐厅的照明，要求色调柔和、宁静，有足够的亮度，不但使人能够清楚地看到食物，而且能与周围的环境、家具、餐具相匹配，构成一种视觉上的整体美感。

在餐厅里，往往吊灯是灯光的焦点。一般将它安装在餐桌正上方，作为一个装饰性组件，它可以提升整体装修的美感。嵌入式或轨道式灯具可提供一般照明，同时也能强调被照物品。嵌入式筒灯可以作为桌面上方吊灯的补充性灯光，也为桌面上的餐具提供了重点照明。

在餐厅，主要光源最常用的是悬挂吊灯，原则是不仅能照亮食物，而且还要照亮用餐者的脸，同时却不刺眼。吊灯不能太高也不能太低，太低会影响就餐者之间目光的交流，也缺乏铺设桌子时的顶部空间，太高会使自上而下的光照在用餐者脸上，看起来极为不自然。灯光以接近日光的节能灯为主，要求明亮、柔和、自然，也可以根据个人要求选择那种可以调整高度的吊灯，如此一来，才能在招待朋友聚餐时，于餐桌上制造出亲密氛围。

餐厅的间接光源一般为天花板的暗藏灯照明，与主灯的亮度比例为 1：3，配合主灯来照射空间，使空间区域感更强。要在突出主要光源的前提下，有次序地安排好光影。

其次为餐厅内的直接光源，包括酒柜、装饰画、饰品所带的灯，主要是直接照向餐厅的这些家具或饰品，达到烘托物品的特殊效果。在冬日里享受用材的温馨，灯光的妙手设计是首选。

4. 厨房

厨房通常是家里的控制中心，它控制着一家人的健康。所以为家人提供一个方便、适用、舒适的操作环境能最大限度地方便使用者，甚至愉悦使用者的心情是最人性、最理性的关怀。使用者在厨房要完成一日三餐的摘、洗、切、烹饪、备餐以及用餐后的洗涤、整理、打扫等巨大的工作量。可以说厨房是居室中使用最频繁、家务劳动最集中的地方。所以厨房的设计在考虑方便适用、提高效率的同时还要充分考虑安全性和便于清洁等。厨房内的基本设施有：洗涤盆、操作台、灶具、微波炉、排油烟机、电冰箱、储物柜、电烤箱、电饭锅等电器设备。

住宅里没有几个地方像厨房这样被人们如此精心地研究和不断地改进过。整体厨房制造商不断改进标准设备，以提高它们的效率和吸引力，从而更加符合使用者的要求。过去的研究已经为设计人员提供了许多有助于工作区域安排的具体细节、数字和准则。研究的重点包括设施的使用和效率、任务的完成、工作中心的设计和布局、工作中心之间的以及工作中心与不断变化的生活方式的关系。这方面的研究已经形成了三种使用规划的概念：

要做到工作环境既舒适又能节约体力，家庭中主持烹饪者的身材高矮和身体各部分的比例（人体测量学）应该是一项主要因素。比如抽油烟机的高度既要考虑不会碰到操作者的头部，又要考虑抽油烟机与燃气灶之间合适的工作距离，以保证最理想的排除油烟的效果。

厨房最好围绕器具配备恰当的工作中心进行组织，工作中心要有充足的储藏空间和工作台面，而且顺序安排要合理。

"使用第一"的储藏原则——物品按照使用的位置存放而不是分类存放，既能提高效率又方便存储。

从这些研究结果可以看出来只涉及了效率和舒适度方面，并没怎么说明该如何规划厨房。结合厨房器具和橱柜标准规格，它们可以作为住宅的工作区域规划的基础。这里的重点是工作——即人的体力的付出，人在厨房里工作，厨房必须为人服务。对于工作繁忙的人来说，设计的效率方面尤为重要。然而要记住，实用和美观并非不能兼容。对要在厨房这个利用率最高的房间里花费时间的人来说，效率最高的厨房从美观角度看也应该是令人满意的。

（1）厨房设计常见的空间布局：

一字形厨房设计：

一字形的厨房比较适合传统小型的厨房空间。一字型就是一种靠墙的条式模式，就是把储存、洗涤、烹调等工作区配置在一个墙面。由于是贴墙设计，所以可以达到节约空间的效果。缺点是厨房空间过于狭长，来回走动导致劳动强度加大，工作效率很低。

二字形厨房设计：

二字形也叫走廊形或并列形，这种房型的开间宽度相对一字型要宽些，最少不低于2米，或者是以阳台门为基础分两边设置。这种模式可以扩大厨房的储藏面积，并可提供简餐台以供家人早上用餐。

L 形厨房设计：

L 形是把储存、洗涤和烹调三个工作区域按照顺序设置于两边，其相接处呈 90 度角的设计，即将冰箱、洗涤池、灶具合理地配置成三角形，所以 L 形厨房又可称为三角形厨房。三角形厨房设计采用的是"工作三角原理"，是最节省空间的设计方式。此类厨房的开间为 1.8 米左右，且有一定的深度。采用这种类型模式的优点是可以有效利用空间，操作效率高。在当今厨房设计中应用得比较普遍。

U 形厨房设计：

U 形是比较理想的样式。它是把三个工作区域按照 U 形的形状依次设置。这种设计类型设备配置得比较齐全，当然相对来说需要的空间也大，要求厨房的开间必须达到 2.2 米以上，通常用于基本呈正方形的房型。其优点是操作方便省力，即使多人同时操作也有充足的空间。

岛形厨房设计：

岛形的厨房设计在西方国家非常普遍，西方的烹调方式少油烟，并且习惯经常性地开家庭派对等因素影响了西方人对厨房的要求偏爱于宽敞、开放的岛形厨房空间。而随着国际交流的加强，中西方的差异正在缩小，人们的生活方式也在不断地改变着，这种岛形的厨房也被越来越多的人所认同。岛形厨房就是在宽敞的厨房中间摆着一个独立的料理台或工作台，家人和朋友可以共同在料理台上准备餐点、闲话家常，为乏味的劳动增添了奇妙的乐趣，同时围绕料理台依墙面四周设置操作台、橱柜等区域功能空间。

工作中心设计：

工作中心的设计和安排顺序决定了厨房的功能发挥和日常工作中人需要耗费的体力。每个工作中心都应该有相邻的台面和橱柜空间。工作中心可以根据主导该区域工作的器具或该区域的活动种类来分类，包括主要的大件器具或不太常用的小器具。为了节省时间和体力，工作应该按照各项任务在各个工作中依次进行，而且不应该颠倒先后顺序。

按照工作程序，冰箱、储藏空间排在首位。它应该靠近厨房门口和水槽，以方便储藏食物。

工作中心安排的首要原则是要符合最常使用厨房的人的想法和工作习惯。一般来说，有几条基本的设计原则。由于水槽使用频率最高，厨房工作中心通常从把水槽安排到最称心的方位开始，而其他中心则根据烹饪者在其中活动的频繁程度来安排。工作应该从储藏到制作到上菜依次进展，尽可能减少反复次数。对于习惯用右手的人来说，正常的工作顺序应该是从冰箱到水槽到炉灶的顺序排列。

厨房的维护：

厨房是住宅中最需要维护的地方。厨房里面声音嘈杂，是所有各种家务活的中心。这些因素表明，在选择地板、工作台面、碗橱、墙壁和天花板的形状和材料时，必须注意它们的耐磨耐热性、防尘和油渍、清洁方便、声音控制、赏心悦目等方面的特点。

5. 卧室

睡眠是人类的基本需要之一，通过睡眠可以恢复体力、放松精神。我们在床上度过生命中接近 1/3 的时间。人们对于舒适、保暖和私密性可予以精确科学地控制，以此来满足对最佳睡眠环境的需求。研究表明：在理想的条件下，有效睡眠时间可以缩短大约两个小时。然而从科学角度提出的最佳睡眠条件从心理学角度看则未必最令人满意。比如说卧室里只有一张床和几张简单必需的家具，这样的狭窄空间或许会导致幽闭恐惧症。如果空间太宽敞则可能给人带来不安全感，反而不利于人们精神的放松和休息，尤其对孩子来说更是如此。如图 2-16、2-17 所示，海盗船儿童卧室——这也许是你见过的最酷的儿

图 2-16

图 2-17

童房间。位于明尼阿波利斯的设计事务所 Kuhl Design Build 擅长改造和个性定制设计，受一个 6 岁男孩父亲的委托设计了该房间。一开始他们尝试过很多主题，宇宙飞船、跑车、城堡概念等等，但是最终选择了"海盗船"作为房间的主题，想法新奇大胆，迎合了儿童追求新奇、刺激、探索的天性。

卧室的设施：一张床或几张床，可供一或几个人休息；一个床头柜或者嵌入式的储藏空间，便于把必需品放到方便取用的地方；床头灯或床上方的灯，方便阅读和处理紧急情况时使用；用帷帘、百叶窗或窗帘控制自然光；通过窗户或其他风源通风，通风的最佳方案是利用相对的两面墙上的窗户对流通风，其次是相邻两面墙上的窗户，至少也要在一面墙上让门打开，以便空气从住宅内其他方位吹入，在许多气候环境下，高出的狭长的窗户可以把热空气排出去，从而降低夏季的高温；穿鞋或袜子时坐的座椅；各种物品的储存；梳妆台空间；方便查看总体效果的穿衣镜。

设计卧室时要考虑几项因素：首先考虑即将住在里面的人数和他们的年龄（儿童和成年人侧重点截然不同）、房间要派的用场以及可利用空间的大小。由于住宅建筑费用的上涨，如何充分而有效地利用有限的空间成为设计者必须要考虑的问题，所以作为卧室就不仅要满足睡眠和梳妆的需求，还可以根据需求增加工作、储藏、兴趣和游戏区域等。由于这些原因，卧室最好大小适中、用途多样、与其他区域隔开。此外，为了保证卧室的私密性，碰簧锁、隔音设备和出入方便的卫生间都有助于把卧室隔离开来。最后，卧室的照明设备应予以特别考虑。在不同的区域，不同强度的灯光可以帮助塑造一种休息的气氛——梳妆区域明亮些，天花板中部的灯或其他普通照明灯稍暗些，在床上读书时灯光更直接些。也可以通过安装可控开关来调整亮度，创造想要的氛围。如今很多家庭的卧室中不再安装灯具，而是在四面墙上多安装几个插座，需要时利用可移动的灯具，从而显得更加方便灵活。

6. 卫浴间

家庭中每人每天都会使用卫浴室，洗浴和梳妆既能清洁人的身体又能让人心情愉快。人们往往愿意投入很多的财力精力到卫生间的设计中，以打造更加舒适和个性的空间。

卫浴间的使用功能主要分为洗浴和厕所两部分，围绕此功能要设置马桶、台盆、浴缸或淋浴房等。随着人们生活水平的提高，卫浴间的功能也越来越丰富，一些豪华卫浴空间还会增设桑拿房、按摩房，视听设备包括音乐、收音机、电视机的环绕音响，以及电视屏幕等功能。

对于拥有两个及两个以上卫浴间的家庭来说，卫浴间从使用上可以分为主卫、次卫等，主卫相对来说更私密一些。对于拥有三间卧室的住宅来说，可以接受的最低标准是一间带台盆、浴缸、淋浴器和抽水马桶的完整卫浴间。一个三口之家或三人以上的家庭，或是两层楼都带有卧室的住宅，卫浴间最好不少于两个。

（1）卫浴间的处理要点：

空间面积允许的话，尽可能做到干湿分区，可以提高使用的频率。

卫浴间的门应该朝里开，打开时不会碰到使用器具的任何人，可以开着一部分而又不会让外面的人看到浴室全部，尤其是抽水马桶。外侧应该安装一个装置以便紧急情况下方便进入，或为了方便坐轮椅者，门应该朝外开，留一条800毫米的通道以便通行；也可以使用拉门或折叠门。马桶的位置基本上是不能动的，要移动的话就需要把卫生间的地面整体抬高，同时后续会带来很多维修问题；在选购马桶前必须先量好排污管离墙面的坑距，一般有300毫米和400毫米两种尺寸。台盆一般分为台上盆和台下盆，做台面的时候要分清楚，台面要是比较窄，还可以做半抛盆。要根据卫浴间的尺寸及整体的布局来选购浴缸；浴巾架、卷筒纸架、毛巾架、马桶刷放置架等五金配件的位置应根据使用习惯来整体设计。卫浴间的地面要考虑防滑防水，卫浴间的水汽很重，内部装潢用料必须以防水物料为主，还要注意通风透气的功用。

（2）卫浴空间的布局

卫浴空间最基本的要求是合理地布置"三大件"，即手盆、坐厕或蹲便器、淋浴间或浴缸。"三大件"基本的布置方法是从低到高依次设置。即从门口开始，比较常用的手法是将盥洗室设置在卫浴空间的前端，盥洗室主要提供摆放各种盥洗用具及起到洗手、洗脸、刷牙、刮胡须、整理容貌等作用，还时常要放置脱、换用的衣服。坐厕紧邻其侧，把淋浴间设置在最内端，这样比较符合使用者的习惯及使用频率。当卫浴空间面积比较狭小时，一般在3—6平方米左右，那就要考虑更加合理而有效地设置卫浴设备，比如洗手台的尺寸，坐厕的宽度不少于750毫米；淋浴间的标准尺寸是900毫米×900毫米，根据场地的形状及尺寸还要考虑淋浴间是拉帘还是做浴屏，浴屏形状适合做方形还是弧形，开门方式是平开门还是推拉门，平开门是向浴屏里开还是向外，向外开的开门尺寸够不够等问题都要在购买或定制前期就要考虑完善。此外，还要考虑卫浴间的储物空间和人在卫浴间使用、出入的活动空间。

（3）浴缸的种类及选择

市面上的浴缸，从材质上分为压克力浴缸、钢板浴缸、铸铁浴缸和其他材质的浴缸。从裙边上分为无裙边缸和有裙边缸。从功能上分为普通缸和按摩缸。

压克力塑胶浴缸：它不会生锈，不会被侵蚀，而且非常轻，这种浴缸由薄片质料制成，下面通常为玻璃纤维，以真空方法处理而成，它的厚度一般是3毫米至10毫米，优点是触感温暖，能较长时间地保持水温，而且容易抹拭干净。

钢板浴缸：它坚硬而持久，表面是瓷或搪瓷。制作浴缸的钢通常是1.5毫米到3毫米厚，一般来说是愈厚愈坚固。

铸铁浴缸：是一种非常重但却持久的材料，它表面的搪瓷普遍比钢板浴缸的要薄，清洁这种浴缸时不能使用含有研磨成分的清洁剂。铸铁浴缸的缺点是水会迅速地变冷。

此外，还有人造石浴缸、天然石浴缸等，它们在市面上均采用得不多。浴缸应根据使用者的习惯、喜好、预算等来选择合适的尺寸、形状、款式、舒适度、龙头孔的位置及款式等。

7.书房

书房又称家庭工作室，是作为阅读、书写以及业余学习、研究、工作的空间。中国自古以来就有"立身以立学为先，立学以读书为本"的古训，读书、学习是从事文教、科技、艺术工作者必备的活动空间。书房，是人们结束一天工作之后再次回到办公环境的一个场所。因此，它既是办公室的延伸，又是家庭生活的一部分。书房的双重性使其在家庭环境中处于一种独特的地位。

书房的基本设施是桌、椅、电脑、打印机及书柜等，有些书房亦会设接待客人用的沙发、茶几等。在一些没有书房的住宅，通常会将卧室部分位置用作书房。书房是读书写字或工作的地方，需要宁静、沉稳的感觉，人在其中才不会心浮气躁。传统中式书房从陈列到规划，从色调到材质，都表现出雅静的特征，因此也深得不少现代人的喜爱。在现代家居中，拥有一个"古味"十足的书房、一个可以静心潜读的空间，自然是一种更高层次的享受。

如何将书房布置得更能体现主人的个性和内涵，其中大有学问。一般来说，书房的墙面、天花板色调应选用典雅、明净、柔和的浅色，如淡蓝色、浅米色、浅绿色。地面应选用木地板或地毯等材料，而墙面最好用壁纸、板材等吸音较好的材料，以取得书房宁静的效果。

窗帘的材质一般选用既能遮光，又具通透感的浅色纱帘比较合适，高级柔和的百叶帘效果更佳，强烈的日照通过窗幔折射会变得温暖舒适。

书房里的家具以写字桌及书柜为主，首先要保证有较大的贮藏书籍的空间。书柜的深度宜以30厘米为好，深度过大既浪费材料和空间，又给取书带来诸多不便。书柜的搁架和分隔板可以做成任意调节型，根据书本的大小，按需要加以调整。书桌高度根据中国人体尺度应为750—780毫米。有条件最好配升降转椅，以方便不同的主人工作、学习的要求。家具常用材料有木、金属、玻璃以及一些皮革或织物座椅。

书房家具一般以书桌为中心，形成阅读、书写的学习工作区，家用书桌最好不要选一般写字楼的桌椅，应根据家居特点来选配，接着安排书橱、书架以及相应的接待、交谈所需要的客椅或沙发。总之，书房家具的配置应包括以下几个方面：

（1）以工作室面积大小和空间特点为出发点；

（2）以工作室的使用要求为依据；

（3）以完善功能与合理形式相结合；

（4）充分体现工作室个性风格和文化内涵，做到表里如一。

书房的功能和区间划分因人而异。书柜和写字桌可平行陈设，也可垂直摆放，或是与书柜的两端、中部相连，形成一个读书、写字的区域。书房形式的多变性改变了书房的形态和风格，使人始终有一种新鲜感。面积不大的书房，沿墙以整组书柜为背景，前面配上别致的写字台，全部的家具以浅色调为主，体现书房的进取感。面积稍大的书房，则可以用高低变化的书柜作为书房的主调。

书房的规模与投资，一般根据房间大小和主人职业、身份、藏书多少来考虑。如果房间面积有限，可以向空间上延伸；也要根据主人的经济承受能力来选择，一般情况下，书房追求的是实用、简洁，并不一定要很大投资。

在面积充裕的居室中，可以独立布置一间书房；面积较小的居室可以辟出一个区域作为学习和工作的地方，可用书橱隔断，也可用柜子、布幔等隔开。书房的墙机、天花板色调应选用典雅、明净、柔和的浅色，如淡蓝色、浅米色、浅绿色等。地面应选用地板或地毯等材料，而墙面的用材最好用壁纸、板材等吸音较好的材料，以达到安宁静谧的效果。

书房的家具除要有书橱、书桌、椅子外，兼会客用的书房还可配沙发、茶几等。书橱应靠近书桌以存取方便，书橱中可留出一些空格来放置一些工艺品等以活跃书房气氛，书桌应置于窗前或窗户右侧，以保证看书、工作时有足够的光线，并可避免在桌面上留下阴影。书桌上的台灯应灵活、可调，以确保光线的角度、亮度，还可适当布置一些盆景、字画以体现书房的文化氛围。

书房对物理环境的要求：

通风。书房内的电子设备越来越多，如果房间内密不透风的话，机器散热令空气变得污浊，影响身体健康。所以应保证书房的空气对流顺畅，有利于机器散热。同样，摆放绿色植物，例如万年青、文竹、吊兰，也可以达到洁净空气的目的。

温度。因为书房内摆放有电脑、书籍等，因此房间内的温度应该控制在 10—30 摄氏度之间。某些机器的使用对温度也有一定的要求，例如电脑不适宜摆放在温度较高的地方，也就是阳光直射的窗口旁、空调机吹风口下方、暖气机附近等。

采光。书房采光可以采用直接照明或者半直接照明的方式，光线最好从左肩上端照射。一般可以在书桌前方放置亮度较高又不刺眼的台灯。

8. 储藏室

随着人们生活水平的提高，物质方面的需求也越来越丰富。因此，家庭中的储藏空间也越来越受重视。储藏室一般用于储藏日用品、衣物、棉被、箱子、杂物等物品。储藏室面积小，方位朝向和通风比较差些。储藏室合理的面积为 1.5—2 平方米。

为了增加储藏量，储藏室一般设计成"U"型或"L"型柜，根据面积大小可设计成可进人和不进人的式样。设计储藏室应根据主人的实际需要而定，储藏的物品是决定储藏室内分隔的关键，如储藏衣物应根据衣物尺寸而设计，如：一般大衣的尺寸长为 1350 毫米左右，而衬衫、短衣的尺寸长为 90 毫米左右，长裤在 1000 毫米左右，鞋子宽为 300 毫米左右。

储藏室要尽可能地提供悬挂衣服的空间，既有利于衣服的收藏，又可以随时穿着，免去穿前整烫的烦恼。杂物储藏室还需考虑空气流通，避免在潮湿季节，杂物发生虫蛀、发霉现象，让人伤神。因此，可以把门设计成百叶格状，这样既保持空气通透，又节省空间。

储藏室的墙面要保持干净，不至于弄脏贮放的衣物。柜顶可装节能灯，既增加照明度，又可减少潮湿性。地面可铺地板或地毯，保持储藏空间的干净，不易起灰尘。

步入式衣帽间：

步入式衣帽间起源于欧洲，是用于储存衣物和更衣的独立房间，可储存家人的衣物、鞋帽、包囊、饰物、被褥等。除储物柜外，一般还包含梳妆台、更衣镜、取物梯子、烫衣板、衣被架、座椅等设施。

理想的衣帽间面积至少在 4 平方米以上。里面应分挂放区、叠放区、内衣区、鞋袜区和被褥区等专用储藏空间，可以供家人舒适地更衣。

步入式衣帽间一般是一个封闭的空间，只有一堆衣柜和一方可以换衣服或是挑衣服的地方，外面设置一个颇具风格的推拉门，一个私有空间就这样制造完毕。这种方式时下非常流行。有的户型专门为户主设计了步入式衣帽间，而有的人则是把家中的某间房（比如保姆间）或某块地方给"封"起来，做成衣帽间。不管采用哪种方式，这种衣帽间的面积一般都应在 4.5 平方米以上，才能保证它的使用效果。

9. 阳台

阳台是整个居室环境中室内外空间的过渡区，也是居室中人和自然接触的一个空间，是呼吸新鲜空气、沐浴温暖阳光的理想场所，因此对阳台的装饰和美化也非常重要。按空间来划分，阳台可以分为内阳台和外阳台两种。内阳台采用窗户形式与外界隔离；外阳台向外界敞开，不封闭。按功能性来划分，阳台可以分为生活阳台与休闲阳台两种。按建筑形式来划分，阳台一般有悬挑式、嵌入式、转角式三类。

（1）阳台空间处理要点

阳台设计要综合考虑承载能力；阳台底板的承载力有限（约每平方米 200 — 250 千克），超过了设计承载能力，就会降低安全性。

阳台设计要注意防水，不能破坏阳台的原有防水层。封闭式阳台要注意阳台窗的防水；开敞式阳台要注意地面的防水。

（2）阳台空间的布局

阳台的一切设施和空间安排都要实用，同时注意安全与卫生。阳台的面积一般都不大，人们既要活动，又要种花草，有时还要堆放杂物，如果安排不当会造成杂乱、拥挤的状况。面积狭小的阳台不应作其他的功能处理，应尽量满足主要功能。

①生活阳台要注意洗、晾物品的空间。

②休闲阳台可设置休闲家具及简易、轻便的健身器材，作为健身娱乐场所。阳台最好选用防水性能较好、不易变形的家具。木质家具比较朴实，最贴近自然；金属家具较能承受户外的风吹雨打，而且风格现代、简洁，是不错的选择。

③阳台绿化。阳台的美主要体现在与自然接触中所展现出来的生机，让人们感受到室内不能得到的美感享受。可以在阳台内培植一些盆栽花木，它既能美化生活空间环境，又能有助于改善室内空间的小气候。阳台绿化是城市垂直绿化的重要组成部分。在一天上，可以设置花槽或花盆架。根据当地气候及个人爱好，栽植各种花木。花木的种类既有常绿的盆景，又有四季鲜花；也可以种植牵牛、金银花、葡萄等藤本植物，形成立体式绿化。阳台的花草尽量选择抗虫性高的物种。

④灯光。灯光一向都是调情的高手，在它们的精心打造下，夜晚的阳台可以更加迷人。很多人忙碌了一天，晚上才可以在阳台上坐坐，安一盏吸顶灯显然是不够的，选用一些吊灯、地灯、草坪灯、壁灯，

甚至可以用活动的防风煤油灯或蜡烛灯来达到意想不到的效果，营造那一种诗情画意的氛围，看灯影朦胧，幻想萦绕，许多美好的感情和事物总会发生在这里。

⑤材质。阳台是居室中最接近自然的地方，所以应尽量考虑用自然的材料，避免选用瓷片、条形砖这类人工的、反光的材料。天然石和鹅卵石都是非常好的选择，光着脚踏上阳台，让肌肤和地面最亲密地接触，感觉舒服自在，鹅卵石对脚底有按摩作用，能舒缓疲劳。而且，纯天然的材料也比较容易与室内装修融为一体，用于地面和墙身都很合适。

居住空间设计规划

一、居住空间总体平面规划

空间规划是对室内空间的组织和安排，设计师通过对原有建筑的平面进行功能分析，对室内空间性质的充分理解，对空间功能关系的深入调查分析，对空间主次、内外、动静等关系的认识，对空间中人的行为流程的把握，最终设计出满足功能需求的合理空间。

平面功能关系的规划是指研究人在不同空间中的秩序和行为，不同空间的功能要求会形成不同的空间性质的差别。

空间流线关系是在室内平面规划中联系各功能空间的纽带，流线组织的好坏直接影响各空间的质量，处理不好会造成使用的不方便。

1. 平面组织关系主要类型

（1）线型结构：主要适用于中小户型，简单的流线体现了最合理的使用功能。各个空间通过通道连接，相对独立而又有序列。如图2-18 所示。

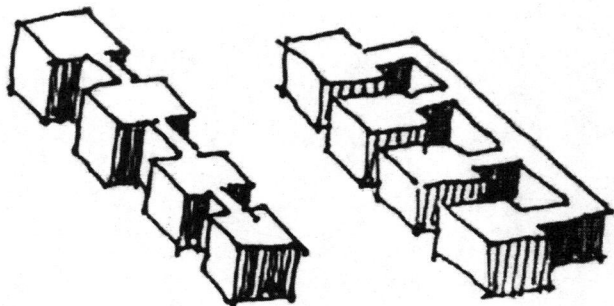

图 2-18

（2）放射型结构：主要适用于中等户型，围绕一个中心延伸的空间。这个中心一般是客厅，因为客厅是家庭公共活动的中心。如图2-19所示。

图 2-19

（3）轴心型结构：适用于平层大户型，围绕一条轴线展开，一般这类户型相对复杂。如图2-20所示。

（4）多中心结构：适用于别墅户型，围绕多个中心延伸。如图2-21所示。

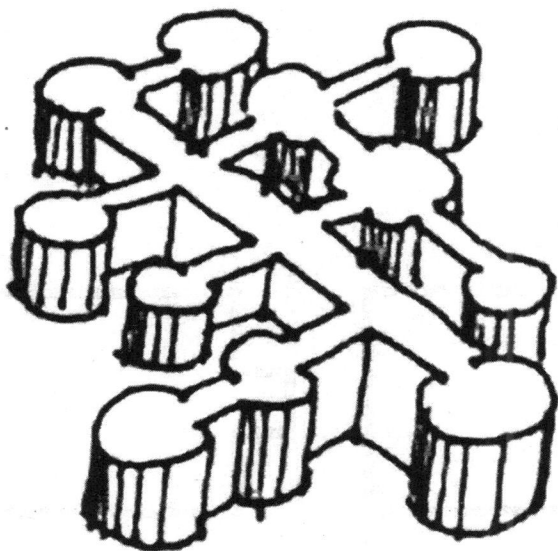

图 2-20

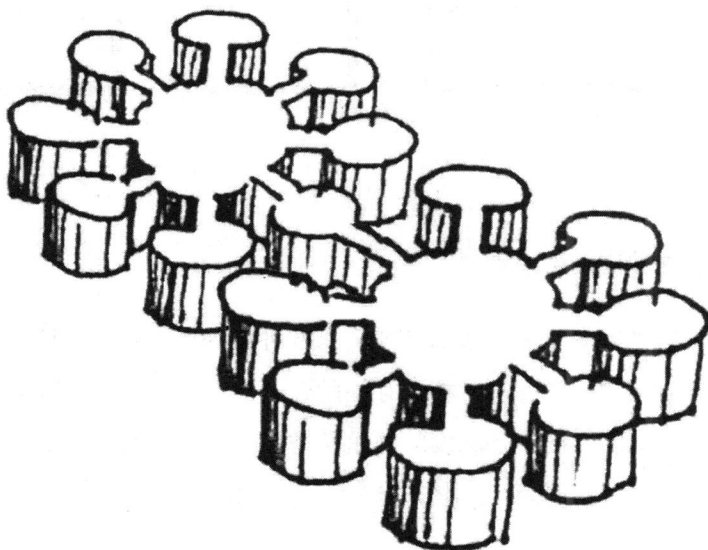

图 2-21

2．各空间之间的关系：如图 2-22 所示。

（1）包容

（2）连接

（3）穿插

（4）过渡

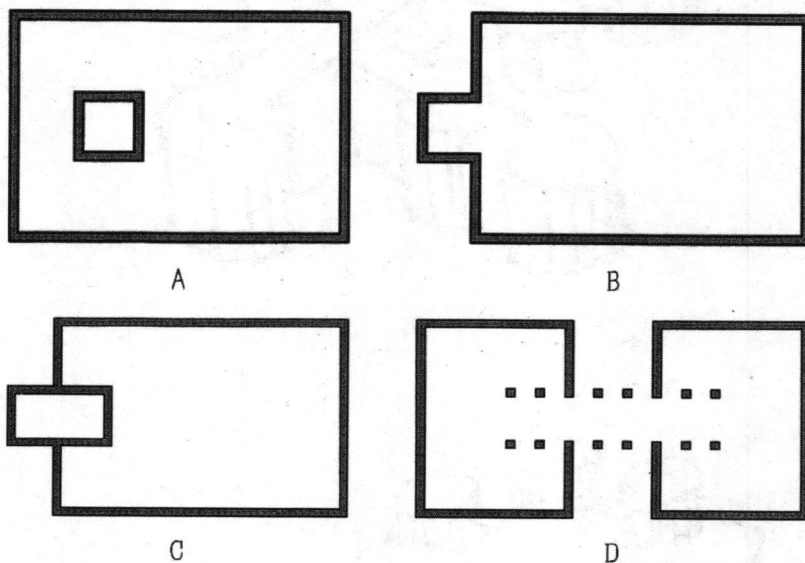

图 2-22

二、居住空间形态划分

室内空间的划分可以按照功能需求作种种处理。随着应用物质的多样化，立体的、平面的、相互穿插的、上下交叉的，加上采光、照明的光影、明暗、虚实、陈设的简繁及空间曲折、大小、高低和艺术造型等种种手法，都能产生形态繁多的空间划分。

1.居住空间划分

在居住空间中，各个功能空间之间的关系有很多种，在总体规划时要合理处理好空间之间的关系，这样才能很好地满足使用功能。如图 2-23 所示。

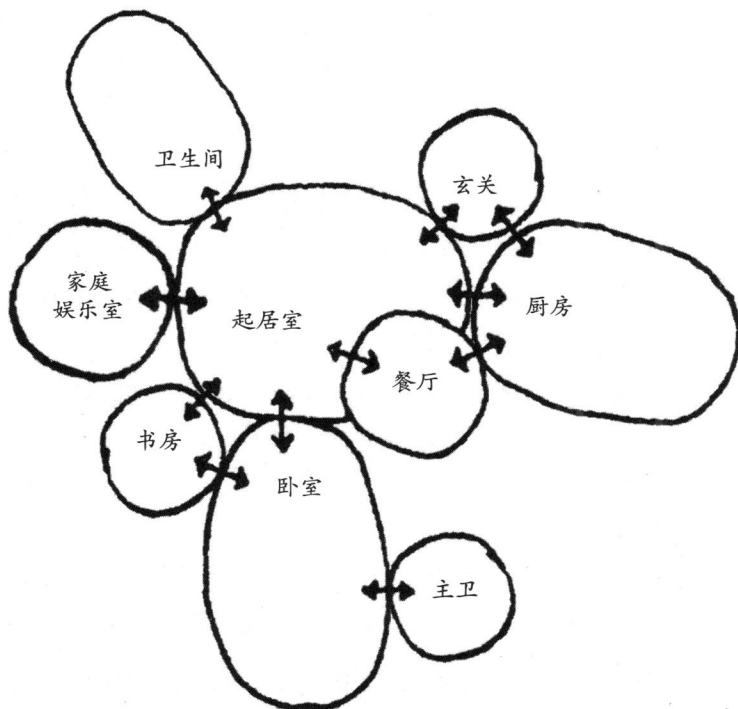

图 2-23

从划分手法上主要有：

垂直分类：软隔划分、陈设划分、绿化划分、家具划分、灯具划分、列柱划分等。

水平分类：凸提划分、凹陷划分、挑台划分、悬板划分、看台划分。

（1）利用基面或顶面的高差变化划分

利用高差变化划分空间的形式限定性较弱，只靠部分形体的变化来给人以启示、联想划定空间，可获得较为理想的空间感。常用方法有局部提高和局部降低两种。两种方法在限定空间的效果上相同，但空间感觉不同，前者在效果上具有发散的特点，后者具有内聚性。

顶面高度的变化方式较多，可以使整个空间的高度增高或降低，也可以是在同一空间内通过看台、排台、悬板等方式将空间划分为上下两个空间层次，既可扩大实际空间领域，又丰富了室内空间的造型效果。

（2）利用小品、灯具、软隔断划分

通过家具、饰品、绿化等对室内空间划分，不但保持了大空间的特性，而且这种方式既能活跃气氛，又能起到分隔空间的作用；利用灯具对空间进行划分，通过挂吊式灯具或其他灯具的适当排列并布置相应的光照来划分；所谓的软隔断就是围幔、珠帘及特制的折叠连接帘，增强了亲切感和私密感，更好地满足了人们的心理需要。

（3）交错穿插空间

利用两个相互穿插、叠合的空间所形成的空间，称为交错空间或穿插空间。城市中的立体交通，车水马龙，川流不息，显示出一个城市的活力。现代室内空间设计早已不满足于封闭的六面体和精致的空间形态，在创作中也常见到把室外空间的城市立交模式引入室内，在分散和组织人流上颇为相宜。在交错穿插空间，人们上下活动，交错穿流，俯仰相望，静中有动，不但丰富了室内景观，也确实给室内空间增添了生气和活跃气氛。交错穿插空间形成的水平、垂直方向空间流动，具有扩大空间的功效。空间活跃，富有动感，便于组织和疏散人流。在创作时，水平方向采用垂直护墙的交错配置，形成空间在水平方向上的穿插交错，左右逢源，"你中有我，我中有你"，所形成的空间相互界限模糊，空间关系密切。

（4）模糊空间

模糊空间的界面模棱两可，具有多种功能的含义，空间充满复杂性和矛盾性，从而延伸出含蓄和耐人寻味的意境，多用于处理空间与空间的过渡、延伸等，结合具体的空间形式与人的意识感受，灵活运用，创造出人们所喜爱的空间环境，增强体验感。

2. 隔墙划分，根据封闭及分隔的程度有如下几种状况

（1）全流通，很少有分隔感。如图 2-24 所示。

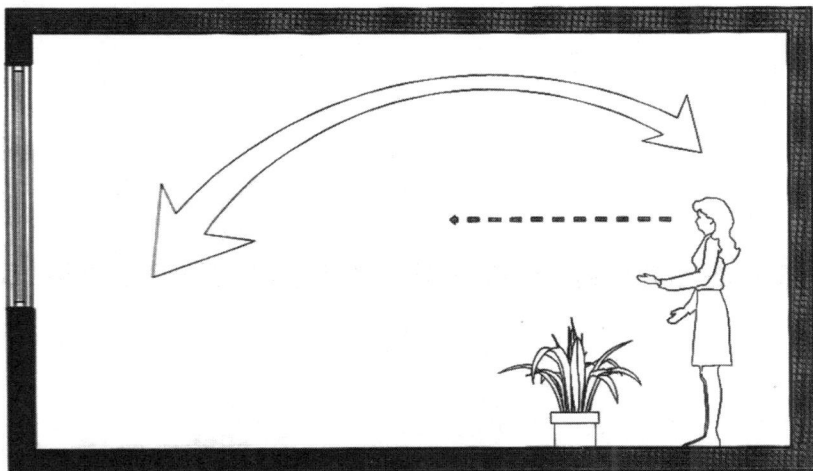

图 2-24

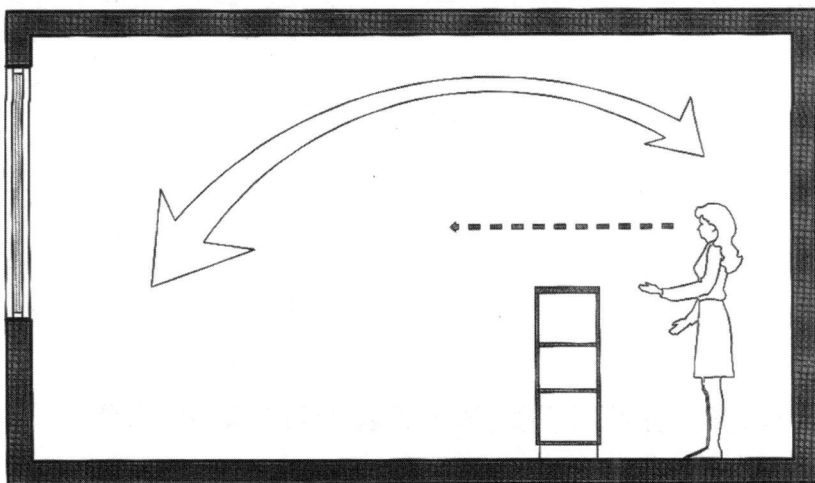

图 2-25

（2）半流通，有分隔感。如图 2-25 所示。

（3）少量流通，分隔为主。如图 2-26 所示。

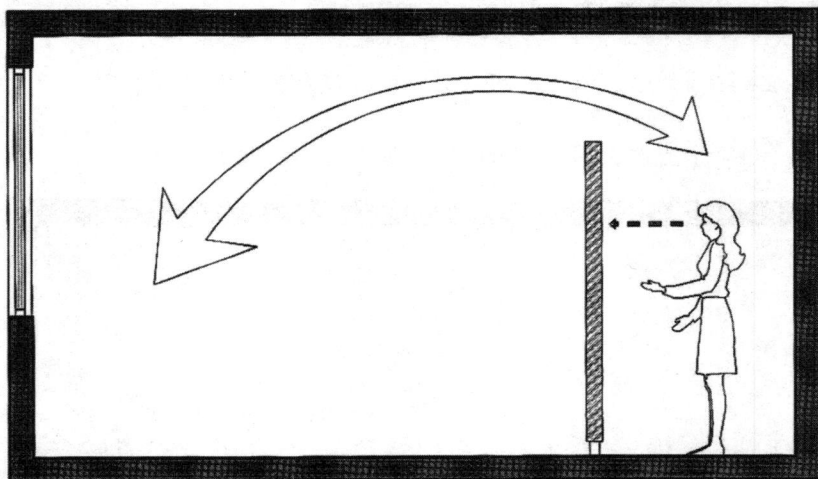

图 2-26

（4）心理流通，实际分隔。如图 2-27 所示。

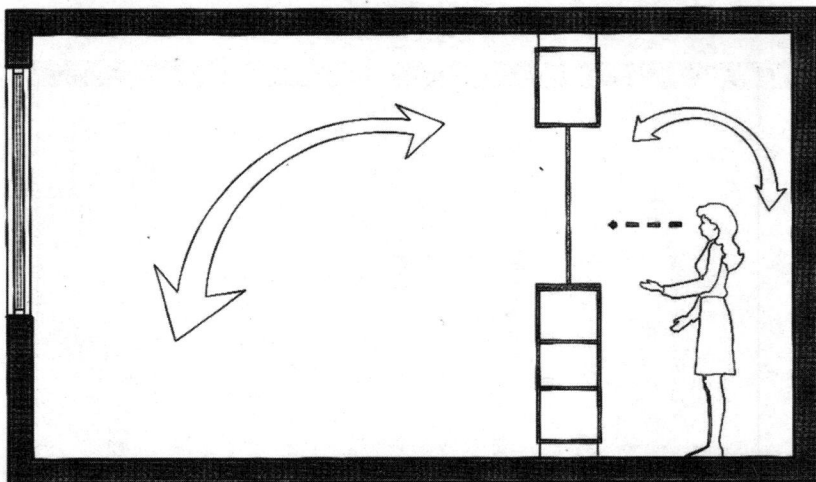

图 2-27

（5）不流通，全封闭。如图 2-28 所示。

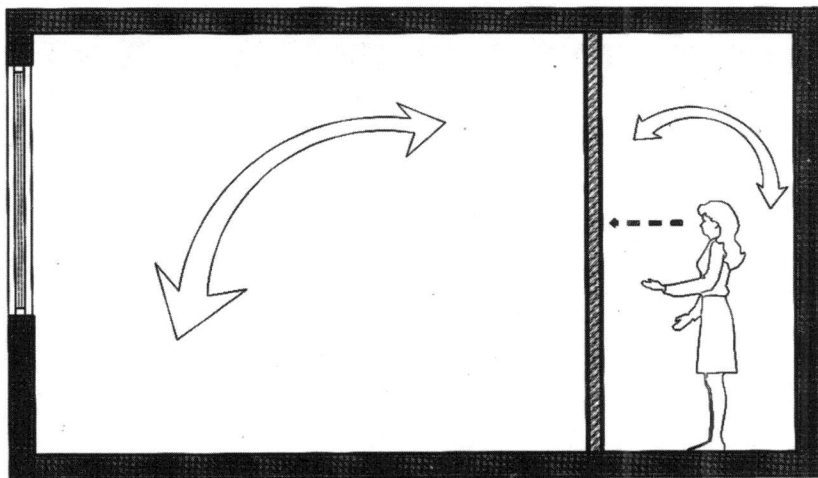

图 2-28

3. 地面分隔

（1）不同的地面材料，有一定心理分隔。如图 2-29 所示。

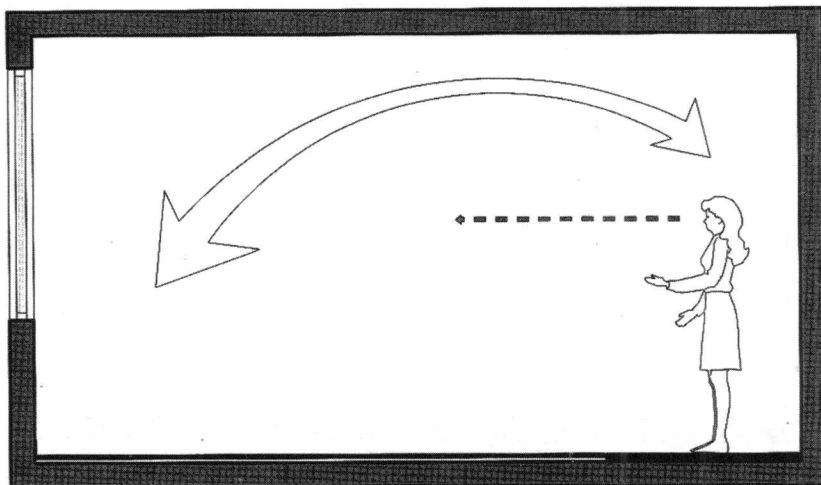

图 2-29

（2）一个台阶分隔，有分隔感但流通效果不太影响。如图2-30所示。

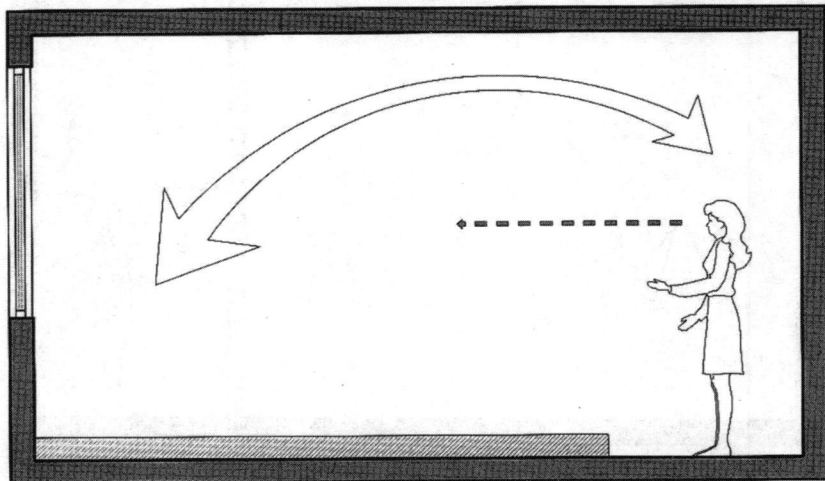

图 2-30

（3）三个台阶分隔，分隔感加强，流通性一般。如图2-31所示。

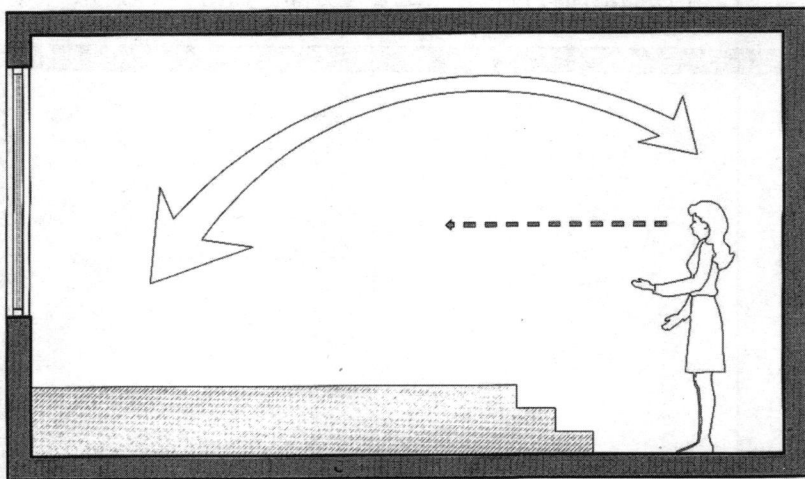

图 2-31

（4）有高台阶和栏杆分隔，分隔感强，只有视觉流通。如图 2-32 所示。

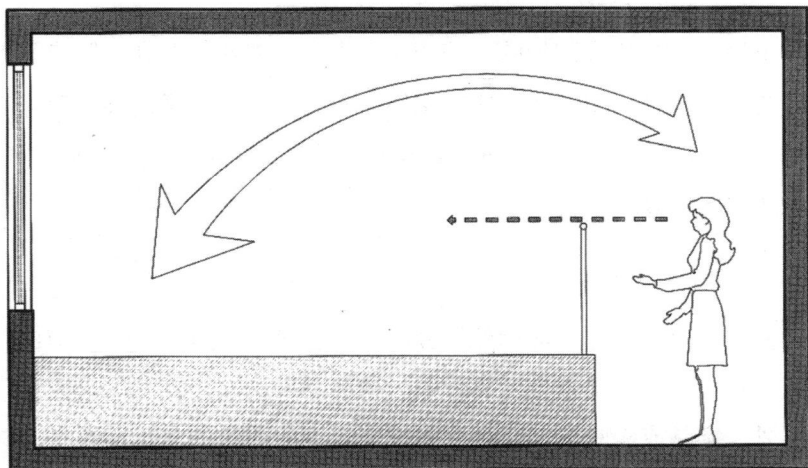

图 2-32

4. 顶面分隔

顶面高差分隔空间，属于带有界限暗示分隔的一种，流通性完全不受影响。如图 2-33 所示。

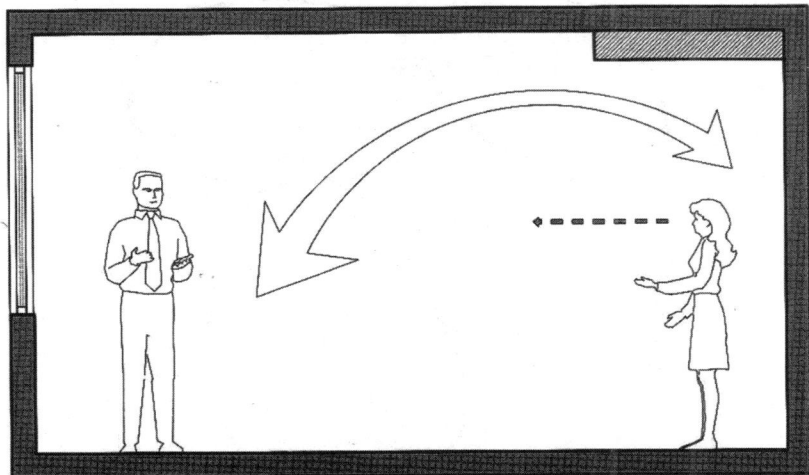

图 2-33

居住空间私密性划分，从私密性上划分主要有：

（1）封闭式划分

采用封闭式划分的目的，是为了对声音、视线、温度、气味等进行隔离，形成独立的空间。这样相邻空间之间互不干扰，具有较好的私密性，一般利用现有的承重墙或现有的轻质隔墙隔离。主要是卧室、卫生间和厨房等。

（2）半封闭划分

采用半封闭划分，即局部划分的目的，是为了减少视线上的相互干扰，对于声音、温度等设有分隔。局部划分的方法是利用高于视线的屏风、家具或隔断等。这种分隔的强弱因分隔体的大小、形状、材质等方面的不同而不同。局部划分多用于大空间内划分小空间的情况。

（3）开敞式划分

开敞式的划分对空间在声音、视线、温度上的分割要求不高，这种划分在空间上是紧密联系的。如图 2-34 所示。

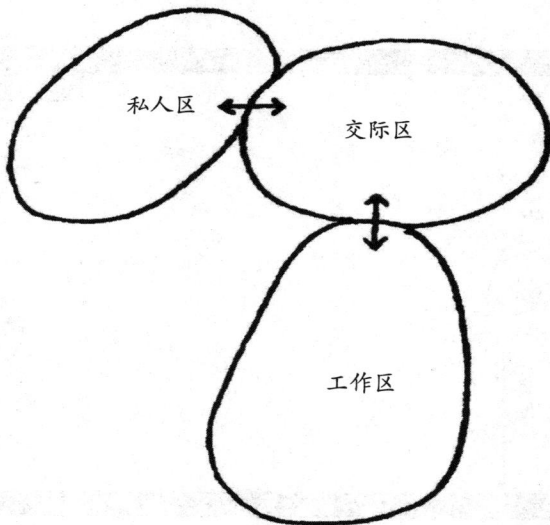

图 2-34

第三篇

关于风格与
流派

关于风格与流派

风格（Style）即风度品格，体现创作中的艺术特色和个性；流派（School）指学术、文艺方面的差别（参见《辞海》第 3499 页，第 2179 页有关条目）。

室内设计的风格和流派，属室内环境中的艺术造型和精神功能范畴。室内设计的风格和流派往往是和建筑以至家具的风格和流派紧密结合的，有时也以相应时期的绘画、造型艺术，甚至文学、音乐等的风格和流派为其渊源和相互影响。例如建筑和室内设计中的"后现代主义"一词及其含义，最早起用于西班牙的文学著作，而"风格派"则是具有鲜明特色荷兰造型艺术的一个流派。可见，建筑艺术除了具有与物质材料、工程技术紧密联系的特征之外，也还和文学、音乐以及绘画、雕塑等门类艺术相互沟通。

风格的成因和影响：

室内设计风格的形成，是不同的时代思潮和地区特点，通过创作构思和表现，逐渐发展成为具有代表性的室内设计形式。一种典型风格的形成，通常是和当地的人文因素和自然条件密切相关，又需有创作中的构思和造型的特点。风格虽然表现于形式，但风格具有艺术、文化、社会发展等深刻的内涵，从这一深层含义来说，风格又不停留或等同于形式。

需要着重指出的是，一种风格或流派一旦形成，它又能积极或消极地转而影响文化、艺术以及诸多的社会因素，并不仅仅局限于作为一种形式表现和视觉上的感受。

20世纪20—30年代早期俄罗斯建筑理论家 M. 金兹伯格曾说过："'风格'这个词充满了模糊性……我们经常把区分艺术的最精准细致的差别的那些特征称作风格，有时候我们又把整整一个大时代或者几个世纪的特点称作风格。"当今对室内设计风格和流派的分类，仍在进一步研究和探讨中，本章后述的风格与流派的名称及分类，也不作为定论，仅是作为阅读与学习时的借鉴和参考，并有可能对我们的设计分析和创作有所启迪。

室内设计的风格

在体现艺术特色和创作个性的同时，相对地说，风格跨越的时间要长一些，包含的地域会广一些。

室内设计的风格主要可分为：传统风格、现代风格、后现代风格、自然风格以及混合型风格等。

一、传统风格

传统风格的室内设计，是在室内布置、线形、色调以及家具、陈设的造型等方面，吸取传统装饰"形""神"的特征。例如吸取我国传统木构架建筑室内的藻井天棚、挂落、雀替的构成和装饰，明、清家具的造型和款式特征。又如西方传统风格中仿罗马风、哥特式、文艺复兴式、巴洛克、洛可可、古典主义等，其中如仿欧洲英国维多利亚式或法国路易式的室内装潢和家具款式。此外，还有日本传统风格（和风）、印度传统风格、伊斯兰传统风格、北非城堡风格等等。传统风格常给人们以历史延续和地域文脉的感受，它使室内环境突出了民族文化渊源的形象特征。

二、现代风格

现代风格起源于 1919 年成立的鲍豪斯（Bauhaus）学派，该学派处于当时的历史背景，强调突破旧传统，创造新建筑，重视功能和空间组织，注意发挥结构构成本身的形式美，造型简洁，反对多余的装饰，崇尚合理的构成工艺，尊重材料的性能，讲究材料自身的质地和色彩的配置效果，发展了非传统的以功能布局为依据的不对称的构图手法。鲍豪斯学派重视实际的工艺制作操作，强调设计与工业生产的联系。

鲍豪斯学派的创始人 W. 格罗皮乌斯（W.Gropius）对现代建筑的观点是非常鲜明的，他认为"美的观念随着思想和技术的进步而改变"。"建筑没有终极，只有不断的变革"。"在建筑表现中不能抹杀现代建筑技术，建筑表现要应用前所未有的形象"。当时杰出的代表人物还有勒·柯布西耶（LeCorbusier）和密斯·凡德罗（MiesVanDerRohe）等。现在，广义的现代风格也可泛指造型简洁新颖，具有当今时代感的建筑形象和室内环境。法国巴黎市中心的福罗姆（FORUM）商场外观及入口内景、商场结构构成具有流畅的弧形骨架，设置下沉式广场的布局使商场的体量在市中心不显得太庞大，该建筑物体现了具有时代感的现代风格。

三、现代风格

后现代主义一词最早出现在西班牙作家德·奥尼斯 1934 年的《西班牙与西班牙语类诗选》一书中，用来描述现代主义内部发生的逆动，特别有一种对现代主义纯理性的逆反心理，即为后现代风格。20 世纪 50 年代美国在所谓现代主义衰落的情况下，也逐渐形成后现代主义的文化思潮。受 20 世纪 60 年代兴起的大众艺术的影响，后现代风格是对现代风格中纯理性主义倾向的批判，后现代风格强调建筑及室内装饰应具有历史的延续性，但又不拘泥于传统的逻辑思维方式，探索创新的造型手法，讲究人情味，常在室内设置夸张、变形的柱式和断裂的拱券，或把古典构件的抽象形式以新的手法组合在一起，即采用非传统的混合、叠加、错位、裂变等手法和象征、隐喻等手段，以期创造一种融感性与理性、集传统与现代、糅大众与行家于一体的即"亦此亦彼"的建筑形象与室内环境。对后现代风格不能仅仅以所看到的视觉形象来评价，需要我们透过形象从设计思想来分析。后现代风格的代表人物有 P. 约翰逊（P.Johnson）、R. 文丘里（R.Venturi）、M. 格雷夫斯（M.Graves）等。

后现代主义的概念至今没有一个确切的定义，这是由后现代主义的多元性和复杂性决定的。不确定性是后现代主义的根本特征之一，这一概念具有多重含义。后现代主义对当代人的精神冲击是全方位的，在思维理论层面上可以肯定后现代主义的批判否定精神和异质多样的文化意向，后现代主义室内设计只有在其"异样事物"中，才会获得自身的规定和理念。

后现代主义风格是一种在形式上对现代主义进行修正的设计思潮与理念。后现代主义室内设计理念完全抛弃了现代主义的严肃与简朴，往往具有一种历史隐喻性，充满大量的装饰细节，刻意制造出一种含混不清、令人迷惑的情绪，强调与空间的联系，使用非传统的色彩，它所具有的矛盾性常使人产生厌倦，而这种厌倦正是后现代主义对过去 50 年的现代主义的典型心态。

后现代主义室内设计理念：

1. 强调形态的隐喻、符号和文化、历史的装饰主义。后现代主义室内设计运用了众多隐喻性的视觉符号在作品中，强调了历史性和文化性，肯定了装饰对视觉的象征作用，装饰又重新回到室内设计中，装饰意识和手法有了新的拓展，光、影和建筑构件构成的通透空间，成了装饰的重要手段。后现代设计运动的装饰性为多种风格的融合提供了一个多样化的环境，使不同的风貌并存，以这种共享关系满足居住者的喜好和习惯。

2．主张新旧融合、兼容并蓄的折中主义立场。后现代主义设计并不是简单地恢复历史风格，而是把眼光投向被现代主义运动摒弃的广阔的历史建筑中，承认历史的延续性，有目的、有意识地挑选古典建筑中具有代表性的、有意义的东西，对历史风格采取混合、拼接、分离、简化、变形、解构、综合等方法，运用新材料、新的施工方式和结构构造方法来创造，从而形成一种新的形式语言与设计理念。

3．强化设计手段的含糊性和戏谑性。后现代主义室内设计师运用分裂与解析的手法，打破和分解了既存的形式、意向格局和模式，导致一定程度上的模糊性和多义性，将现代主义设计的冷漠、理性的特征反叛为一种在设计细节中采用的调侃手段，以强调非理性因素来达到一种设计中的轻松和宽容。

四、自然风格

自然风格倡导"回归自然"，美学上推崇"自然美"，认为只有崇尚自然、结合自然，才能在当今高科技、高节奏的社会生活中，使人们能取得生理和心理的平衡，因此室内多用木料、织物、石材等天然材料，显示材料的纹理，清新淡雅。此外，由于其宗旨和手法的类同，也可把田园风格归入自然风格一类。田园风格在室内环境中力求表现悠闲、舒畅、自然的田园生活情趣，也常运用天然木、石、藤、竹等材质质朴的纹理，巧于设置室内绿化，创造自然、简朴、高雅的氛围。

此外，也有把20世纪70年代反对千篇一律的国际风格的如砖墙瓦顶的英国希灵顿市政中心以及耶鲁大学教员俱乐部，室内采用木板和清水砖砌墙壁、传统地方门窗造型及坡屋顶等称为"乡土风格"或"地方风格"，也称"灰色派"。

五、混合型风格

近年来，建筑设计和室内设计在总体上呈现多元化，兼容并蓄的状况。室内布置中也有既趋于现代实用，又吸取传统的特征，在装潢与陈设中融古今中西于一体，例如传统的屏风、摆设和茶几，配以现代风格的墙面及门窗装修、新型的沙发；欧式古典的琉璃灯具和壁面装饰，配以东方传统的家具和埃及的陈设、小品等等。混合型风格虽然在设计中不拘一格，运用多种体例，但设计中仍然是匠心独具，深入推敲形体、色彩、材质等方面的总体构图和视觉效果。

室内设计的流派

流派，这里是指室内设计的艺术类别。现代室内设计从所表现的艺术特点分析，也有多种流派，主要有：高技派、光亮派、白色派、新洛可可派、风格派、超现实派、解构主义派以及装饰艺术派等。

一、高技派或称重技派

高技派或称重技派，突出当代工业技术成就，并在建筑形体和室内环境设计中加以炫耀，崇尚"机械美"，在室内暴露梁板、网架等结构构件以及风管、线缆等各种设备和管道，强调工艺技术与时代感。高技派典型的实例为法国巴黎蓬皮社国家艺术与文化中心、香港中国银行等。如图 3-1 所示。

二、光亮派

光亮派也称银色派，室内设计中突显新型材料及现代加工工艺的精密细致及光亮效果，往往在室内大量采用镜面及平曲面玻璃、不锈钢、磨光的花岗石和大理石等作为装饰面材。在室内环境的照明方面，

图 3-1

常使用投射、折射等各类新型光源和灯具，在金属和镜面材料的烘托下，形成光彩照人、绚丽夺目的室内环境。

三、白色派

白色派的室内朴实无华，室内各界面以至家具等常以白色为基调，简洁明朗，例如美国建筑师理查德·迈耶（Richard Meier）设计的史密斯住宅及其室内即属此例（如图 3-2 所示）。

白色派的室内，并不仅仅停留在简化装饰、选用白色等里面处理上，而是具有更为深层的构思内涵，设计师在室内环境设计时，是综合考虑了室内活动着的人以及透过门窗可见的变化着的室外景物（如中国传统园林建筑中的借景），由此，从某种意义上讲，室内环境只是一种活动场所的"背景"，从而在装饰造型和用色上不作过多渲染。

图 3-2

图 3-3

图 3-4

图 3-5

图 3-6

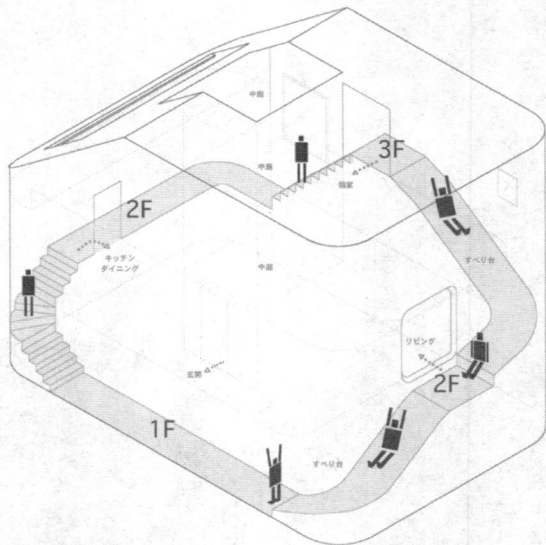

图 3-7

如图 3-3、3-4、3-5、3-6、3-7 所示，日本中目黑住宅——日本工作室 Level Architects，在日本东京完成了一座由一个滑梯连接整个三层楼的住宅。整个房子从建筑到室内都是典型的白色派。房子的整个外围周长变成了一个大"滑梯"，高高的外墙让人感觉是"楼梯"和"滑道"包围了位于二层的客厅、餐厅和厨房。柔和的阴影投射到房子内外，房子外墙的圆形倒角让整个房子变得可爱，使人们驻足欣赏。

四、新洛可可派

洛可可原为 18 世纪盛行于欧洲宫廷的一种建筑装饰风格，以华丽雕琢、纤巧烦琐为特征，新洛可可传承了洛可可繁复的装饰特点，但装饰造型的"载体"和加工技术却运用现代新型装饰材料和现代工艺手段，从而具有华丽而略显浪漫，传统中仍不失时代气息的装饰氛围。

五、风格派

风格派起始于20世纪20年代的荷兰，以画家彼埃·蒙德里安（Piet Cornelies Mondrian）等为代表的艺术流派，强调"纯造型的表现，要从传统及个性崇拜的约束下解放艺术"，风格派认为"把生活环境抽象化，这对人们的生活就是一种真实"。他们对室内装饰和家具经常采用几何形体以及红、黄、青三原色，间或以黑、灰、白等色彩相配置，如图3-8所示。风格派的室内，在色彩及造型方面都具有极为鲜明的

图 3-8

特征与个性，建筑与室内常以几何方块为基础，对建筑室内外空间采用内部空间与外部空间穿插统一构成为一体的手法，并以屋顶、墙面的凹凸和强烈的色彩对块体进行强调。

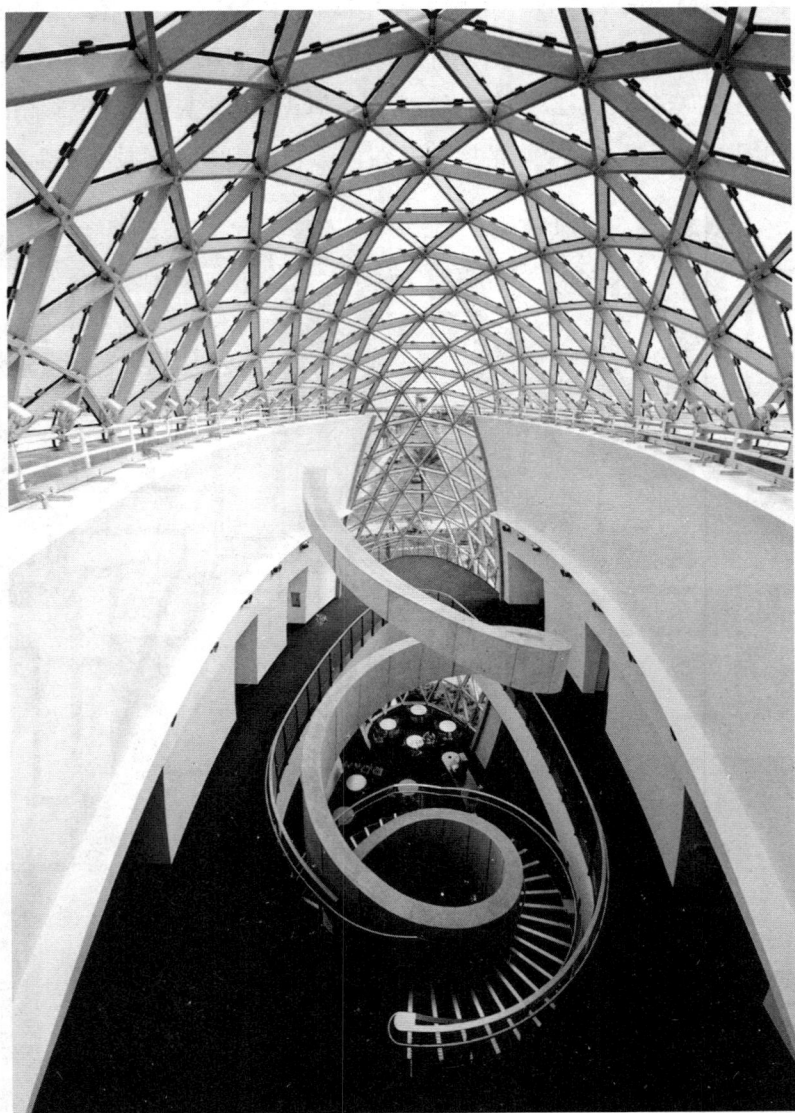

图 3-9

六、超现实派

超现实派追求所谓超越现实的艺术效果，在室内布置中常采用异常的空间组织、曲面或具有流动弧形线型的界面、浓重的色彩、变幻莫测的光影、造型奇特的家具与设备，有时还以现代绘画或雕塑来烘托超现实的室内环境气氛。超现实派的室内环境较为适应具有视觉形象特殊要求的某些展示或娱乐的室内空间。如图3-9所示。萨尔瓦多·达利（Salvador Dali）博物馆位于圣彼得堡城区的一个风景秀丽的码头，面积6317.41平方米，是1982年只有一层的Dali博物馆的两倍大。展览内容包括油画、水彩、草图、雕塑等2140件永久藏品。建筑高22.86米，装配有1062个各不相同的三角玻璃板。

七、解构主义派

解构主义是20世纪60年代，以法国哲学家J.德里达为代表所提出的哲学观念，是对20世纪前期欧美盛行的结构主义和理论思想传统的质疑和批判，建筑和室内设计中的解构主义派对传统古典、构图规律等均采取否定的态度，强调不受历史文化和传统理性的约束，是一种貌似结构构成解体，突破传统形式构图，用材粗放的流派。

八、装饰艺术派或称艺术装饰派

装饰艺术派起源于20世纪20年代法国巴黎召开的一次装饰艺术与现代工业国际博览会，后传至美国等各地，如美国早期兴建的一些摩天楼即采用这一流派的手法。装饰艺术派善于运用多层次的几何线型及图案，重点装饰建筑内外门窗线脚、槽口及建筑腰线、顶角线等部位。当前社会是从工业社会逐渐向后工业社会或信息社会过渡的时候，人们对自身周围环境的需要除了能满足使用要求、物质功能之外，更注重对环境氛围、文化内涵、艺术质量等精神功能的需求。室内设计不同艺术风格和流派的产生、发展和变换，既是建筑艺术历史文脉的延续和发展，具有深刻的社会发展历史和文化的内涵，同时也必将极大地丰富人们与之朝夕相处活动于其间时的精神生活。

第四篇

室内空间体验设计程序

室内空间体验设计的方法

室内空间设计是根据建筑物的性质、所处环境和相应标准，运用物质技术手段和建筑美学原理，创造功能合理、舒适、美观、能满足人们物质和精神生活需求的室内环境。居住环境既具有使用价值，满足相应的功能需求，同时也反映了建筑风格、环境气氛、个人审美价值取向等精神因素。

上述含义中明确地把"创造满足人们物质和精神生活需要的室内环境"作为室内设计的目的，即以人为本，一切围绕着为人的生活、生产活动创造美好的室内环境。

现在很多设计师往往把设计只当作艺术品，喜欢表现自我意识，想做出一鸣惊人的作品，大谈创造的个性。个性是作品的个性、唯一性，而不是表现个人的个性。设计绝不是天马行空，对于一个设计师来说，虽然需要了解"个性"在艺术创作中的价值，但首先要了解设计的共识问题，如大量的技术规范、功能的基本要求、设计的普遍规律、正确的表现方法，特别是要合乎使用者对使用习惯、舒适、得体的要求。

当然设计绝不是简单的事，而是将使用者的审美情趣加以提炼和升华，这是必须共同遵守的设计规则，不能超越这一问题来谈个性和创造。

室内设计创作过程中的思考方法，归纳起来主要包括以下三点内容：

一、大处着眼，细处着手，整体与细部深入推敲相结合

大处着眼指的是在设计思考过程中应先有一个设计的全局观念。首先应该对整个设计任务具有全面的构思和设想，建立起设计的总体框架，然后再具体设计，再从细处着手进行深化，根据室内的使用性质，深入调查、收集资料，在基本的人体尺度、人流动线、家具尺寸等方面反复推敲，使局部融合于整体，达到整体与细部的完美统一。只有这样，设计才能既有合理的总体构想，又能详细深入，符合具体客观实际的要求，否则就容易陷入空洞或琐碎的境地。

二、从内到外，从外到内，内外结合，协调统一

建筑师 A. 依柯尼科夫曾说过："任何建筑创作，应是内部构成因素和外部联系之间相互作用的结果"，也就是"从内到外、从外到内"的过程。居住空间的"内"，以及和其相连接的其他空间环境，以及建筑外环境的"外"，它们之间有着相互依存、相互影响的关系。设计时需要内外反复协调，务使设计更趋向于完善合理，使室内环境整体的性质、风格相一致，并且与室外环境协调统一，否则就容易造成相邻室内空间之间的不协调与不连贯，也可能造成内外环境的冲突对立。

三、意在笔先或笔意同步，立意与表达并重

"意"是指立意、创意、构思，"笔"是指表达、设计。一项设计，立意与构思是极其关键的因素，缺乏立意与构思往往也就失去了设计

的"灵魂"。因此，一般而言，应该意在笔先，只有先有了明确的立意与构思，才能有针对性地展开设计工作。但是产生一个独特成熟的构思往往并不容易，需要足够的信息和充分的时间，需要设计者反复思考与酝酿，因此，在很多情况下，也可以笔意同步，边构思边动笔，边动笔边构思，在设计过程中使构思逐步明确和完善。

对于室内设计来说，意与笔的关系还表现在一个优秀的设计构思还需要有良好的表达手段，包括图纸、模型、文字、语言说明甚至多媒体演示等，只有这样，才能使业主、评审人员、专家、同行等快速、完整、清晰地了解设计者的构思，领会设计意图。因此，对于设计者来说，能够做到熟练掌握并运用各种表达手段也是一项十分重要的能力。

室内空间体验设计的步骤

一个完整的居住环境设计的过程一般可以分为以下几个阶段：设计准备阶段、方案设计阶段、扩初设计阶段、施工图设计阶段、设计实施阶段和使用后评价阶段。

一、设计准备阶段

设计准备阶段主要是接受委托任务书，签订合同，或者根据标书要求参加投标；明确设计期限并制订设计计划，确定进度安排，考虑各有关工种的配合与协调。

明确设计任务和要求，如居室空间的设计规模、功能特点、等级标准、总造价以及根据业主的要求所需创造的室内环境氛围等。

熟悉设计相关的规范和定额标准，收集分析必要的资料和信息，包括对现场的勘察。

在签订合同或制订投标文件时，还包括设计进度的安排，设计费率标准的确定，即做室内设计时向业主收取的设计费占室内装饰总投入资金的百分比。

二、方案设计阶段

方案设计阶段是在设计准备阶段的基础上，进一步收集、分析、运用于设计任务有关的资料与信息，确定构思立意，再进行初步方案设计，然后进行方案的分析与比较，直至确定初步设计方案，提供设计文件。

设计者在进行方案前，应首先调查、收集与居室环境有关的资料，主要是从实地测量和了解业主的审美价值取向两个方面入手。

1. 实地测量。主要包括测量室内空间的宽度、进深、层高、门窗的高宽、柱径等的准确尺寸，以及上下水、烟道的位置等。还要了解建筑的承重结构状况。建筑物的结构状况直接影响居室空间设计方案的实施和深化，特别是对只改造一部分或图纸资料不全的居室建筑结构，对于结构的掌握就更加重要。

2. 了解业主的审美价值取向。室内空间设计的目的是通过创造室内环境为人服务，设计者始终要把人对室内环境的要求（包括物质概念和精神功能两方面），放在设计的首位。设计者应始终围绕"以人为本"这一原则，把业主的安全和身心健康放在最重要的位置考虑，以满足业主交际活动的需要作为设计的核心。这就也要求设计者必须了解业主的背景资料、兴趣爱好、审美情趣、生活习惯，与业主沟通，想业主之所想，设计出业主所需要的居室空间。

在这个阶段中，设计者将通过初步构思——吸收各种因素介入——调整——绘制草图——修改——再构思——再绘成图式的反复操作过程，最后形成一个各方均能满意接受的理想设计方案。这一过程实际上是设计者的思维方式从概念转化为形象的过程，是通常所说的设计师头脑中的设计语言通过形象思维转化为清晰的设计图式形象的过程，这一阶段是设计过程中的关键阶段。

设计者提供的方案设计文件，主要包括设计说明和设计图纸。其中，设计说明书是设计方案的具体解说，主要涉及建筑空间的现状、相关设计规范依据、设计的总体构思、对功能问题的处理、平面布置中的相互关系、装饰的风格和处理方法、装饰技术措施等内容。设计图纸主要包括平面图、顶面图、主要立面图、剖面图、彩色效果图等。除此之外，还有造价估算和室内装饰材料实样（家具、灯具、陈设、设备等可用照片表示，其他如织物、石材、木材、墙纸、地毯、面砖等均宜采用小面积的实物）。

三、扩初设计阶段

在实践中，一般的设计项目在具体设计环节上通常分为两个阶段进行，即方案设计阶段和施工图设计阶段，方案设计一般就能送到有关部门审查，待方案被基本认可后，设计单位再在所吸收业主和专家意见的基础上，对原方案进行调整，然后进入施工图设计阶段。

而对于一些大型的、复杂的、技术要求较高的设计项目，则需要在方案设计的基础上进行扩初设计，对方案进行深化，以报业主和有关部门进一步确认。扩初阶段是对方案设计的进一步完善和深入，是从方案设计到施工图设计的过渡阶段。这个阶段要完成工程和方案中的一系列具体问题，作为下一步制订施工图、确定工程造价、控制工程总投资的重要依据。

扩初设计阶段提供的图纸种类基本与方案设计阶段相似，但更深入些，并从各专业角度考虑、论证了方案设计的技术可行性。这一阶段提供的成果应包括其他配套专业的相关图纸。

四、施工图设计阶段

施工图设计阶段需要补充施工所必需的有关平面布置、室内立面和天花板等图纸，还需包括构造节点明细、细部大样图以及设备管线图，编制施工说明。概括地讲，施工图通常包括：

（1）效果图；

（2）平面图、线路或天花板图，常用比例为 1:50 或 1:100；

（3）立面图，常用比例为 1:20 或 1:50；

（4）细部大样图；

（5）设备管线图。

五、设计实施阶段

设计实施阶段即施工阶段，在此过程中，虽然大部分设计工作已经完成，项目也已经开始施工，但是设计师仍必须高度重视，否则将难以达到理想的效果。室内工程施工前要向施工人员进行设计意图及图纸说明的技术交底；在施工中根据工程的进展情况，进行现场配合与指导，及时回答施工队提出的有关设计的问题；根据施工现场实际情况提供局部设计修改或补充要求；进行装饰材料的选样工作，协助业主选择灯具、洁具、家具等。施工结束时，会同质检部门与业主进行质量验收；施工完成后，如有必要，还需协助业主选择家具和陈设品等。

为了使设计取得预期的效果，设计师必须抓好设计环节的各个阶段，充分重视设计、施工、材料等各个方面，并熟悉、重视原建筑物的建筑设计、设施设计的衔接，同时还需调整好业主与施工单位之间的相互关系，在设计意图和构思方面取得沟通与共识，以期取得理想的效果。

六、使用后评价阶段

当工程施工完成后，室内设计的过程还没有真正结束，室内设计效果的好坏还要经过业主使用后的评价才能确定。室内设计过程只有通过使用后的评价才能知道设计中的优点和不足，才能更好地总结经验教训，在以后的实践中改进设计，不断提高设计水平。

第五篇

材料的
运用

居室空间设计材料的分类

居室装饰材料的选用，是居室装饰装修中涉及最终效果的实质性的重要环节，它最为直接地影响到室内设计整体的实用性、经济性，以及环境气氛和美观与否。居室设计应熟悉材料质地及性能特点，了解材料的价格和施工操作工艺要求。

一、居室装饰材料

居室装饰材料种类繁多，大致可分为以下几种：

1. 按材质划分

有塑料、金属、陶瓷、玻璃、木材、无机矿物、涂料、纺织品、石材等种类。

2. 按功能划分

有吸声、隔声、防水及防潮、防火、防霉、耐酸碱、耐污染等种类。

3. 按化学成分划分

非金属类：无机材料、有机材料、复合材料。
金属类：黑色金属、有色金属。

4. 根据具体构造划分

天花及灯池。
墙面构造：抹灰、涂料、壁纸、木饰、石材、软包、金属板、镜面等。
固定配套设施：酒吧台、服务台、柜台、展台、喷水池、花池等。
地面构造：油漆、地砖、地板革、马赛克、花岗石、地毯、木地板。

二、居室装饰施工常用材料

1. 骨架材料

室内装饰工程材料中，用来承受墙面、地面、顶棚等饰面材料的受力架称为骨架（又称龙骨），它主要起固定、支撑和承重作用，主要用于天花、隔墙、棚架、造型、家具等。骨架的主要材料有木材、轻钢、铝合金、塑料等。

2. 饰面材料

饰面材料也叫贴面板，是家居装修中一种主要的面层装饰材料，属胶合板系列，是以胶合板为基础，表面贴各种天然及人造板材贴面。它具有各种木材的自然纹理和色泽，广泛应用于家居空间的面层装饰。常用的有：木质饰面板、木质人造板材、矿物人造板、金属饰面板等。

3. 地板及墙地砖装饰材料

地面装饰材料是整个装饰材料中的重要组成部分。传统的地面装饰材料有木地板、大理石、花岗石、水磨石、陶瓷地砖、陶瓷锦砖等。木质地板是指楼、地面的面层采用木板铺设，然后再进行油漆饰面的木板地面。它具有弹性好、耐磨性能佳、蓄热系数小及不老化等优点。而墙地砖是釉面砖、地砖与外墙砖的总称。

4. 玻璃装饰材料

玻璃是由石英砂、纯碱、石灰石等主要原料与某些辅助性材料经 1550—1600 度高温熔融，成型并经急冷而成的固体。随着科技的发展，玻璃已成为居室装修中不可缺少的装饰材料。由于它具有透光、透视、隔声、隔热、保暖以及降低建筑结构自重的性能，因而不仅用于门窗，还有着逐步取代砖瓦混凝土而用于墙体和屋面方向发展的可能。

5. 石质装饰材料

居室装饰工程使用的饰面石材有天然石（大理石、花岗石）饰面板及人造石（人造大理石、预制水磨石）饰面板。大理石主要用于室内，花岗石主要用于室外，均为高级饰面材料。人造石材在建筑装饰工程中也得到了广泛的应用。天然饰面石材除大理石、花岗石之外，还有板岩、锈板、砂岩、石英岩、瓦板、蘑菇石、彩石砖、卵石等。大理石、花岗石不仅用于墙面柱面的装饰，也用于地面、台阶、楼梯、水池和台面等造型面，花岗石也常用于室外装饰。而其他石材一般用于室内墙面或室外。

6. 金属装饰材料

金属材料用在居室装饰工程上可分为两大类，一类为结构材料，一类为装饰材料。结构材料较厚重，有支撑作用，多用作骨架、支柱、扶手、楼梯；装饰材料薄而易于加工处理，可铸为成品、半成品，或作天花扣板用。金属材料具有耐久性强、容易保养、色泽效果佳、塑性大的特点。

7.线条类材料

线条类材料是居室装饰工程中各平接面、相交面、分界面、层次面、对接面的衔接口、交接条的收边封口材料。线条材料对装饰质量、装饰效果有着举足轻重的影响。线条材料在装饰结构上起着固定、连接、加强装饰饰面的作用。线条类材料主要有以下各种分类:木线条、铝合金线条、铜线条、不锈钢线条、塑料线条、石膏线条等。

8.卷材类装饰材料

卷材类装饰材料质地柔软,给人温暖舒适的触感,又具有欣赏价值,主要有壁纸、壁布、地毯、织物等。壁纸(布)是室内装修中使用最为广泛的墙面、天花板面装饰材料,其图案变化多端,色泽丰富。通过印花、压花、发泡可以仿制许多传统材料的外观,甚至达到以假乱真的地步。壁纸(布)除了美观外,也有耐用、易清洗、寿命长、施工方便等特点。地毯是一种有悠久历史的产品,它原是以动物毛(主要为羊毛)为原始原料,并用手工编织的一种既有实用价值又具欣赏价值的纺织品。随着科技的发展,地毯也逐渐可以以毛、麻、丝及人造纤维材料为主要原料进行人工或机械编织。

9.涂料类装饰材料

涂料是油漆和一般涂料的总称,是指涂于物体表面能形成具有保护装饰或特殊性能(如绝缘、防腐、标志等)的固态涂膜的一类液体或固体材料之总称。涂料是居室装饰工程中常用的一种材料,具有装饰和保护的作用。某些品种的涂料还具有特殊的性能,如霉变、防水、防火等功能。

10. 辅助材料

居室装饰施工的辅助材料很多，包含五金配件、胶黏剂、密封材料、保湿、吸声材料等，在建筑装修施工中是必不可少的配套材料。随着新材料、新技术的发展，辅助材料的种类会越来越多。

绿色材料的运用

室内装饰材料可供选择的品种较多，选择主要取决于居室装饰设计的基调和材料本身的功能，因此，要根据材料的色彩、质感、光泽、性能多方面综合考虑，使其与建筑艺术能达到完美统一。

一、材料色彩的选择

人们进行室内设计的目的就是要造就环境，而造就优美环境的目的正是为了人们生活的舒适性，否则，任何设计都毫无意义。然而各种装饰材料的色料、质感、触感、光泽、耐久性等性能的正确运用，将会在很大程度上影响材料色彩的选择。

根据空间功能的特点明确区分色彩。

运用对比色达到强调某种艺术气氛的目的。

以各种色彩的和谐创造舒适的环境。

优美的装饰效果并不在于多种材料的堆积，而在研究材料内在构造和审美的基础上仔细选材，目的在于材料的合理配置与质感的和谐运用。

二、居室装饰材料选用的原则

在选用某种居室装饰材料时，必须先对该材料的特征、使用环境，并结合装饰主体的特点进行分析比较，才能达到保证装饰质量、提高施工速度和降低造价的总目标。

1. 考虑区域特点

一座建筑物所处的区域环境与装饰材料之间有着密切的关系。首先，区域的气象条件，如温度、湿度变化等都对装饰材料的选择有很大影响；其次，该区域的建筑特点和风俗习惯也是选择装饰材料的主要依据。

2. 满足使用功能

在选择居室装饰材料时，应根据居室装饰设计的目的和具体装饰部位的使用功能来考虑。例如，外墙面的装饰除了美化环境之外，是否需实现保护墙体的功能，使其有效地提高建筑物的耐久性；内墙面的装饰除了美化室内以外，是否还需弥补墙体热工功能、声学功能等；在台面板的使用中，是否需选用美观的或具有耐用性的装饰材料。因此，为了满足使用功能上的需要，对于起防震或防护作用的装饰材料应具有相适应的力学性能；对于易起火或有腐蚀性的场所，则应选择抗火性强或耐蚀性好的材料，才能达到使用及装饰的效果。

3. 满足装饰功能

居室装饰是一种艺术，它也是造就和改变人居环境的技术。这种环境应该是自然环境与人造环境的高度统一与和谐。各种装饰材料的色彩、质感、光泽、耐久性等的正确运用，将在很大程度上影响装饰效果。

4. 满足耐久性要求

装饰材料的耐久性要求是指在计划使用年限内经久耐用的性能。通常建筑物外部装饰材料要经受日晒、雨淋、霜雪、冻融、风化、大气介质等侵袭，而内部装饰材料要经受摩擦、潮湿、洗刷等作用，因此，居室用装饰材料应根据其使用部位，对装饰材料的物理、化学性能、观感等要求也各有不同，如：力学性能（强度、耐磨、可加工性等）、物理性能（吸水性、耐水性、抗冻性、耐热性、隔音性等）、化学性能（耐酸碱性、耐大气侵蚀、抗老化、耐污染性、抗风化能力等）等。如室内房间的踢脚部位，由于需要考虑地面清洁工具、家具、器物底脚碰撞时的牢度和易于清洁，因此通常需要选用有一定强度、硬质、易于清洁的装饰材料，常用的粉刷、涂料、墙纸或织物软包等墙面装饰材料，都不能直落地面。也只有保证了装饰材料的耐久性，才能切实保证居室装饰工程的耐久性。

5. 经济合理性

从经济角度考虑装饰材料的选择，应有一个总体观念，既要考虑到居室装饰工程一次性投资，也要考虑到日后的维修费用。有时在关键性问题上，可适当加大一次投资，这样可延长使用年限，从而保证总体上的经济性。

我国目前的大部分居室装饰工程是以市场上大量涌现的新型、美观、适用、耐久、价格适中的装饰材料，经室内设计师们的精心设计和能工巧匠们的高超手艺，创造出的具有时代特色的装饰作品。

合理的选材可满足既美观大方又经济实用的居室装饰要求。

6. 符合时尚发展的需要

由于现代室内设计具有动态发展的特点，设计装修后的居室环境，通常并非是"一劳永逸"的，而是需要经常更新及满足用户时尚的需要。

原有的装饰材料需要由无污染、质地和性能更好的、更为新颖美观的装饰材料来取代。界面装饰材料的选用，还应注意"精心设计，巧于用材，优材精用，一般材质新用"的原则。

室内界面处理，铺设或贴置装饰材料是"加法"，但一些结构体系和结构构件的建筑室内，也可以做"减法"，如明露的结构构件，利用模板纹理的混凝土构件或清水砖面等。有些人不用直接接触的墙面，可不加装饰，或用具有模板纹理的混凝土面或清水砖面等。